Das Klingonische Rechenbuch

'ay' wa'DIch: ghIq ghIqtu' tu' mI'mey paq mach

Teil 1: Algebra
Ein kleines Buch der Zahlen

Martin Erik Horn

mI'mey paq mach – Ein kleines Buch der Zahlen

{ghIqtu'} ist das klingonische Wort für mathematische (oder auch chemische) Formeln. Es setzt sich zusammen aus den beiden Worten:

ghIq   –   dann, anschließend

tu'   –   finden, entdecken, bemerken, beobachten

{ghIq tu'} mit Lücke bedeutet also: Dann findet er. Dann findet er es. Dann finden sie.

{ghIq ghIqtu' tu'} heißt also: Dann findet er eine Formel.

Das könnte eine Umschreibung der Algebra {ghIqghIqtu'tu'} sein, für die bisher noch kein kanonischer klingonischer Begriff bekanntgegeben wurde.

In diesem Buch finden wir jedoch nicht nur Zahlen und Formeln. Wir finden hier gerade auch Sprache. Dies ist ein Buch darüber, wie Klingonen über Zahlen und Formeln reden und sprechen. Es ist ein Sprachbuch. Und es ist ein Mathematikbuch, denn die klingonische Mathematik ist verschroben und interessant – genauso verschroben und interessant wie der Schöpfer der klingonischen Sprache, Marc Okrand, der leider so gar keine Ahnung von Mathematik hat und deshalb besonders grandios einzigartig-skurile Ideen in die klingonische Mathematik hineinerfindet.

Denn aus Versehen hat Marc Okrand – ohne es zu wissen, ohne es zu wollen – Großartiges geschaffen.

Das klingonische Rechenbuch

**'ay' wa'DIch: ghIq ghIqtu' tu'
mI'mey paq mach**

**Teil 1: Algebra
Ein kleines Buch der Zahlen**

Martin Erik Horn

Der Verwendung dieses Textes zum Trainieren
von Sprachverarbeitungssystemen oder KI-Tools
aller Art wird nicht zugestimmt.

Bibliographische Information der Deutschen Nationalbibliothek:

Die Deutsche Nationalbibliothek verzeichnet diese Publikation in
der Deutschen Nationalbiographie;
detaillierte bibliographische Daten sind im Internet über

http://dnb.dnb.de

abrufbar.

Herstellung und Verlag:
BoD - Books on Demand, Norderstedt

ISBN: 978-3-7583-6887-5

Zahlen und Sprache – alles nur Erfindungen

Negative Zahlen gibt es nicht. Sie sind eine Erfindung des menschlichen Geistes, pure Fiktion, sonst nichts, genauso wie die klingonische Sprache. Deshalb schreibe ich dieses Buch, denn in diesem seltsamen mathematischen System, das Marc Okrand den Klingonen ganz aus Versehen unterjubelte, werden negative Zahlen nicht benötigt.

Zwar gibt es ein klingonisches Wort für „negativ", {Dop}, bzw. für „negative Zahlen", {mI'mey Dop}, aber eigentlich ist es überflüssig, denn die klingonische Geometrie kennt drei ausgezeichnete Richtungen {chan}, {'ev} und {tIng}, die nicht senkrecht zueinander stehen. Wenn wir in die negative {chan}-Richtung gehen, gehen wir tatsächlich gleichzeitig in die positiven {'ev}- und {tIng}-Richtungen. Wir können also jederzeit etwas Negatives durch eine postitive Linearkombination ersetzen. Etwas mathematisch Negatives ist also nicht notwendig, nirgends. Ist also das Klingonische notwendig?

Übrigens ist dieses Buch ein sehr, sehr konservatives Buch, denn echte, richtige Mathematikerinnen und Mathematiker (also nicht solche komischen Teilzeit-Mathematiker, wie ich es einer bin) gehen noch viel weiter. So schreibt Richard Dedekind in seinem Text „Was sind und was sollen die Zahlen?":

„Meine Hauptantwort auf die im Titel dieser Schrift gestellte Frage lautet: Die Zahlen sind freie Schöpfungen des menschlichen Geistes."

Quelle: Stefan Müller-Stach (Hrsg.): Richard Dedekind, Was sind und was sollen die Zahlen? Stetigkeit und Irrationale Zahlen. (Klassische Texte der Wissenschaft), Springer Spektrum, Heidelberg 2017, S. 53.

In der echten Welt da draußen gibt es also nicht nur keine negativen Zahlen, nein, es gibt überhaupt keine Zahlen dort. Und es gibt keine klingonische Sprache. Das alles spielt sich nur in unseren Köpfen ab. Dort – in unseren Köpfen – gibt es alles.

ngaS paqvam – Inhalt

1. Addition: boq – Es vereinigt sich

Die Addition zweier Zahlen ist klingonisch eine Vereinigung {boq} dieser beiden Zahlen. Dieses Wort {boq} kann sowohl als Substantiv wie auch als Verb gedeutet werden:

boq   –   sich vereinigen mit
boq   –   Vereinigung, Fusion, Verschmelzung, Allianz

Auf der Internetseite

> https://klingon.wiki/En/Mathematics

wird als Beispiel die Summe

$$4 + 3$$

angegeben. Diese Summe wird in hier in diesem Buch, das Sie gerade lesen, klingonisch als

> loS boq wej

bezeichnet, um grammatikalisch in Übereinstimmung mit der Subtraktion zu stehen: „Drei vereinigt sich mit vier."

Grammatikalisch nimmt die drei {wej} somit die Position des Subjekts ein, während die vier {loS} das Objekt darstellt. Während die Summe (4 + 3) auf deutsch von links nach rechts als „vier plus drei" oder „die vier vereinigt sich mit der drei" gelesen wird, wird sie auf klingonisch von rechts nach links als „die drei vereinigt sich mit der vier" gelesen.

Klingonisch ist in diesem Sinne rückwärts gesprochenes Deutsch, da das klingonische Subjekt gemäß der klingonischen Grammatik

> Objekt – Prädikat (Verb) – Subjekt

am Ende eines Satzes steht, während das Objekt gleich zu Beginn genannt wird.

Solange allerdings die betrachteten mathematischen Beziehungen kommutativ und somit in der Reihenfolge vertauschbar sind, kümmern wir uns nicht groß um die Frage der Satzreihenfolge, denn „vier plus drei" ist ja das gleiche wie „drei plus vier":

$$4 + 3 = 3 + 4$$

Diese Gleichung {wItte'} wird mit Hilfe des klingonischen Verbsuffix

chen   –   entstehen, die Form annehmen von

gelesen. Aber es gibt ein grammatikalisches Problem: Wir können auf klingonisch nicht sagen

Vier plus drei nimmt die Form drei plus vier an.

Dieser Satz ist klingonisch unmöglich, denn {chen}

https://klingon.wiki/Wort/Chen

ist ein intransitives Verb und kann kein Objekt haben. Links neben {chen} darf also aus grammatikalischen Gründen nichts stehen. Da sind Klingonisten (klingonische Linguisten) sehr streng.

Klingonisten haben für dieses Problem jedoch auch gleich eine simple Lösung erfunden. Sie verwenden einen Trick und bilden eine Parataxe.

https://klingon.wiki/En/Parataxis

Bei einer Parataxe wird ein Satz, der im Deutschen transitiv mit Objekt ausformuliert werden würde, in kleinere Teilsätze aufgespalten, die alle intransitiv ohne Objekt gebildet werden können. In unserem Beispiel erhalten wir dann die beiden Teilsätze

Drei vereinigt sich mit vier; vier vereinigt sich mit drei.

loS boq wej; chen wej boq loS.

Dabei muss {wej boq loS} als ein einziger zusammengehöriger Ausdruck gedacht werden. Wir haben also eine imaginäre Klammer im Kopf, wenn wir etwas lesen, das rechts von {chen} steht:

loS boq wej; chen (wej boq loS).

Und hier gilt wieder: Klingonisch ist eine riesige, nur halb fertige Baustelle. Und keiner weiß, wie weiter gebaut werden soll – außer Marc Okrand, und der verrät es uns nicht (oder nur sehr, sehr und wirklich seeeeehhr langsam).

Die Folge: Klingonisten und Klingonier, Klingonen und Klingonianer sind mal wieder völlig zerstritten. So ist auf der englischsprachigen Internetseite

https://klingon.wiki/En/SentenceAsObject

zu lesen: „There is no sentence as subject." Ein Satz kann grammatikalisch kein Subjekt sein. Und darüber lässt sicht trefflich streiten, … „{qIppu'bogh yaS} is the subject of the verb {mulegh}" … irgendwie lesen wir das im Klingonischen Wörterbuch und irgendwie ist das {qIppu'bogh yaS} für uns sprachliche Amatuere irgendwie ein richtig schöner Satz, ein richtiger Relativsatz, der ein Subjekt ist.

Es ist kompliziert {wa' wa' wa'}, und wir mischen uns in diese hochgradig heiklen Auseinandersetzungen lieber nicht ein. {wej boq loS} soll also kein Subjekt sein. Stattdessen wählen wir eine diplomatische Vorgehensweise und bilden einfach weitere parataktische Satzaufspaltungen:

loS boq wej; chen gher'ID 'ej wej boq loS.

kürzer: loS boq wej; chen 'ej wej boq loS.

noch kürzer: loS boq wej; chen; wej boq loS.

Somit haben wir jetzt drei einzelne Sätze, die alle durch einen Strichpunkt voneinander getrennt sind. Damit wird angedeutet, dass es sich aus grammatikalischer Sicht tatsächlich um vollkommen eigenständige Sätze handelt. Es hat sich also ein „Resultat", ein „Ergebnis" {gher'ID} gebildet:

gher	–	formulieren, zusammenstellen, zusammenfassen
gher'ID	–	Ergebnis, Resultat = das Zusammengefasste

Dabei ist dies nur ein Zwischenergebnis, ein „vorläufiges Resultat" {gher'ID ru'}. Jetzt rechnen wir das Endergebnis, das „endgültige Resultat" {gher'ID Qav} aus. Dabei ist zu beachten, dass jedes Ergebnis – auch das Zwischenergebnis – aus mathematischer Sicht ein „permanentes Ergebnisse" {gher'ID ru'Ha'} ist, das immer und ewig wahr ist und wahr bleibt, auch wenn es nicht die einfachste Darstellung sein sollte.

Die vollständige Rechnung lautet dann:

$$4 + 3 = 3 + 4$$
$$= 7$$

Auf klingonisch sagen wird dann:

loS boq wej; **chen**; wej boq loS;
chen Soch.

Zur Verdeutlichung der einzelnen Satzteile wird das Verb {**chen**} fett gedruckt und (möglichst) immer an den Satzanfang gestellt, so wie wir in der humanoiden Mathematik das Gleichheitszeichen (möglichst) immer an den Anfang einer neuen Zeile schreiben.

Und natürlich ist es dann auch möglich, Gleichungen wie

$$4 + 5 = 2 + 7$$
$$= 9$$

loS boq vagh; **chen**; cha' boq Soch;
chen Hut.

aufzuschreiben.

Wir können aber nicht nur Zahlen addieren, sondern auch Dinge. Wenn wir zwei Äpfel {cha' 'epΙΙ naH} haben und weitere drei Äpfel {wej 'epΙΙ naH} erhalten, besitzen wir insgesamt fünf Äpfel {vagh 'epΙΙ naH}:

$$2 \text{ Äpfel} + 3 \text{ Äpfel} = 5 \text{ Äpfel}$$

cha' 'epΙΙ naH boq wej 'epΙΙ naH; **chen** vagh 'epΙΙ naH.

Dabei verzichten wir auf die Angabe der Pluralformen {cha' 'epΙΙ naHmey}, {wej 'epΙΙ naHmey} bzw. {vagh 'epΙΙ naHmey}, da wir als Fernziel die Aufstellung klingonischer physikalischer Formeln im Hinterkopf haben. Und die einzelnen Werte in physikalischen Formeln besitzen Einheiten.

Dieses Weglassen der Pluralsilbe {-mey} ist im Klingonischen Wörterbuch ausdrücklich zugelassen und entspricht auch vollkommen der deutschen Sprachtradition, die im Duden unter

www.duden.de/rechtschreibung/Gramm

→   das Gramm; Plural: die Gramme ⟨aber: 2 Gramm⟩

für Einheiten explizit aufgeführt wird.

Also erhalten wir bei einer Längenaddition beispielsweise:

$$2 \text{ Udsch} + 4 \text{ Udsch} = 6 \text{ Udsch}$$

cha' 'uj boq loS 'uj; **chen** jav 'uj.

Die klingonische Längeneinheit von einem Udsch {wa' 'uj}

https://klingon.wiki/De/Maßeinheiten
https://klingon.wiki/Word/-uj

entspricht dabei ungefähr **35** cm. Ein Meter ist also etwas kürzer als drei Udsch {wej 'uj}.

Mit Hilfe der klingonischen Zahlen …

NULL	0	pagh	ZEHN	10	wa'maH
EINS	1	wa'	ELF	11	wa'maH wa'
ZWEI	2	cha'	ZWÖLF	12	wa'maH cha'
DREI	3	wej	DREIZEHN	13	wa'maH wej
VIER	4	loS	VIERZEHN	14	wa'maH loS
FÜNF	5	vagh	FÜNFZEHN	15	wa'maH vagh
SECHS	6	jav	SECHZEHN	16	wa'maH jav
SIEBEN	7	Soch	SIEBZEHN	17	wa'maH Soch
ACHT	8	chorgh	ACHTZEHN	18	wa'maH chorgh
NEUN	9	Hut	NEUNZEHN	19	wa'maH Hut

… können wir dann ein paar Übungsaufgaben berechnen.

Qu'	–	Aufgabe
qaD	–	Herausforderung
qaD Qu'	–	Aufgabe der Herausforderung = Übungsaufgabe

Wir können dies aber auch wie in

https://klingon.wiki/En/AlienLanguagePrimer

als Zusatzübungen (siehe dortige Fußnote 2) bezeichnen:

qeq	–	üben, trainieren / er übt, er trainiert (Aktiv)
qeqlu'	–	trainiert werden / es wird trainiert (Passiv)
-taH	–	Kontinuierlichkeitsnachsilbe
qeqlu'taH	–	es wird kontinuierlich/ausdauernd trainiert
-meH	–	um zu, damit (Nachsilbe zur Zweckanngabe)
qeqlu'taHmeH	–	um kontinuierlich trainiert zu werden
qeqlu'taHmeH Qu'	–	Aufgabe, um kontinuierlich traniert zu werden
SIm	–	berechnen / er berechnet
yISIm !	–	Berechne! Berechne es! Berechnet es!
peSIm !	–	Berechnet!

Eine weitere Längeneinheit, die in diesen Übungen ganz zum Schluss verwendet wird, ist das Kellicam https://klingon.wiki/Wort/KelI-kam

Ein Kellicam {wa' qelI'qam} entspricht einer Länge von ungefähr zwei Kilometern. Dies ist die Länge des ausgestorbenen klingonischen Meeres-Dinosauriers {ngengroQ}, englisch vielleicht „sea-rock", also „Meeresgestein"

https://klingon.wiki/Word/NgengroQ

Dieses Seeungeheuer, das wir Erdlinge „Nessi" nennen würden, heißt im klingonischen Sprachraum also „Kelli", {qelI'}. Ein {qelI'qam} ist somit der „Fuß des Kelli".

qel	–	nicken
qelwI'	–	Nickender, einer der nickt, etwas das nickt
→ qelI'	–	Kelli (hat wohl einen nickenden Kopf)
qam	–	Fuß
qelI' qam	–	Fuß des Kelli
puH Duj	–	Auto, Landfahrzeug
banan naH	–	Banane

Nicht nur Briten, auch Klingonen rechnen hier in „Fuß", {qam}. Allerdings sind klingonische Füße nicht britisch bescheiden, sondern riesengroß.

qaD Qu'mey wa'DIch (qeqlu'taHmeH Qu'mey wa'DIch)

1) **2 + 5** = ?   yISIm !

2) **17 + 2** = **11 + 8** = ?   yISIm !

3) **5** Autos + **4** Autos = ?   yISIm !

4) **8** Bananen + **6** Bananen = **7** Bananen + **7** Bananen = ?   yISIm !

5) **1** Kellicam + **14** Kellicam = ?   yISIm !

6) **12** Udsch + **5** Udsch = **7** Udsch + **10** Udsch = ?   yISIm !

13

gher'IDmey wa'DIch

1) **2 + 5 = 7**

   cha' boq vagh; **chen** Soch.

2) **17 + 2 = 11 + 8 = 19**

   wa'maH Soch boq cha'; **chen**; wa'maH wa' boq chorgh;
   chen wa'maH Hut.

3) **5** Autos + **4** Autos = **9** Autos

   vagh puH Duj boq loS puH Duj; **chen** Hut puH Duj.

4) **8** Bananen + **6** Bananen = **7** Bananen + **7** Bananen = **14** Bananen

   chorgh banan naH boq jav banan naH;
   chen; Soch banan naH boq Soch banan naH;
   chen wa'maH loS banan naH.

5) **1** Kellicam + **14** Kellicam = **15** Kellicam

   wa' qell'qam boq wa'maH loS qell'qam;
   chen wa'maH vagh qell'qam.

6) **12** Udsch + **5** Udsch = **7** Udsch + **10** Udsch = **17** Udsch

   wa'maH cha' 'uj boq vagh 'uj;
   chen; Soch 'uj boq wa'maH 'uj;
   chen wa'maH Soch 'uj.

2. Subtraktion: boqHa' – Es spaltet sich ab

Die Subtraktion einer Zahl von einer anderen ist klingonisch eine Abspaltung {boqHa'ghach}, eine Trennung dieser beiden Zahlen. Bei „trennen" und „Trennung" unterscheiden sich somit Verb und Substantiv auch im Klingonischen, da ein Verb, das auf den Gegenteilsrover bzw. Negationsrover {-Ha'} endet, nie ein Substantiv sein kann. Es kann jedoch durch die Nominalisierungs- bzw. Substantivierungsnachsilbe {-ghach} in ein Substantiv umgewandelt werden:

boqHa'   –   sich abspalten von, sich trennen von
boqHa'ghach   –   Abspaltung, Trennung, Separation

Die Verben {boq} für „addieren" und {boqHa'} für „subtrahieren" bilden somit ein grammatikalisches Gegensatzpaar. Auf der Internetseite

https://klingon.wiki/En/Mathematics

wird als Beispiel die Differenz

4 – 3

angegeben. Diese Differenz wird klingonisch mit

loS boqHa' wej

bezeichnet. Die abzuziehende Zahl drei (der Subtrahend, lateinisch „das Abzuziehende") ist in diesem Satz das Subjekt, während die Zahl vier (der Minuend, lateinisch „das zu Verringernde") als Objekt geschen wird.

Nachtrag: Damit diese grammatikalische Zuordnung durchgängig konsistent erfolgt, gehen wir auch bei der Summe analog vor.

4 + 3   entspricht {loS boq wej}

(und nicht {wej boq loS}, auch wenn auf der der oben angegebenen Internetseite eine umge kehrte Zuordnung vorgeschlagen wird.)

15

Die vollständige Rechnung der Subtraktion lautet somit:

$$4 - 3 = 1$$

Auf klingonisch sagen wird dann:

loS boqHa' wej; **chen** wa'.

Und natürlich ist es wieder möglich, auch Gleichungen wie

$$6 - 3 = 9 - 6$$
$$= 3$$

jav boqHa' wej; **chen**; Hut boqHa' jav; **chen** wej.

aufzuschreiben. Und dieses Mal verwenden wir Birnen {per naHmey}:

14 Birnen **– 8** Birnen = **6** Birnen

wa'maH loS per naH boqHa' chorgh per naH; **chen** jav per naH.

Grammatikalisch wichtig ist hier: Es wird alles, was rechts von {boqHa'} steht, abgezogen. Alles gehört zum Sujekt. Deshalb deuten wir die oben angegebenen Birnen-Formel wie auf der Erde als

14 Birnen **–** (**8** Birnen) = **6** Birnen

und nicht als

(**14** Birnen **– 8**) Birnen = irgendein Birnen-Knuddelmuddel,

auch wenn wir keine Klammern hinschreiben.

Und mit Hilfe der weiteren, astronomisch wichtigen Längeneinheit

logh	–	Raum, Weltraum
logh qam	–	Fuß des Raums
loghqam	–	Lohrcam = 1,25 Lichtjahre

erhalten wir auf Grundlage dieser klingonischen Raumfüße die folgende Beispielrechnung:

12 Lohrcam – **4** Lohrcam = **8** Lohrcam

wa'maH cha' loghqam boqHa' loS loghqam; **chen** chorgh loghqam.

Mit den weiteren klingonischen Zahlwörtern …

ZWANZIG	20	cha'maH
EINUNDZWANZIG	21	cha'maH wa'
ZWEIUNDZWANZIG	22	cha'maH cha'
DREIUNDZWANZIG	23	cha'maH wej
VIERUNDZWANZIG	24	cha'maH loS
FÜNFUNDZWANZIG	25	cha'maH vagh
SECHSUNDZWANZI	26	cha'maH jav
SIEBENUNDZWANZIG	27	cha'maH Soch
ACHTUNDZWANZIG	28	cha'maH chorgh
NEUNUNDZWANZIG	29	cha'maH Hut
DREIßIG	30	wejmaH
VIERZIG	40	loSmaH
FÜNFZIG	50	vaghmaH
SECHZIG	60	javmaH
SIEBZIG	70	SochmaH
ACHTZIG	80	chorghmaH
NEUNZIG	90	HutmaH

… können wir die folgenden Übungsaufgaben in einem Zahlenbereich bis 99 berechnen. Dazu noch zwei weitere Vokablen:

SIS yoD	–	Schirm
tomat naH	–	Tomate

qaD Qu'mey cha'DIch

1) **30 – 4 = ?** yISIm !

2) **41 – 23 = 21 – 3 = ?** yISIm !

17

3) **15** Schirme – **9** Schirme = ?   yISIm !

4) **82** Tomaten – **17** Tomaten = **67** Tomaten – **2** Tomaten = ? yISIm !

5) **99** Lohrcam – **80** Lohrcam = ?   yISIm !

6) **22** Udsch – **15** Udsch = **2** Udsch + **5** Udsch = ?   yISIm !

gher'IDmey cha'DIch

1) **30 – 4 = 26**

wejmaH boqHa' loS; **chen** cha'maH jav.

2) **41 – 23 = 21 – 3 = 18**

loSmaH wa' boqHa' cha'maH wej;
chen; cha'maH wa' boqHa' wej;
chen wa'maH chorgh.

3) **15** Schirme – **9** Schirme = **6** Schirme

wa'maH vagh SIS yoD boqHa' Hut SIS yoD; **chen** jav SIS yoD.

4) **82** Tomaten – **17** Tomaten = **67** Tomaten – **2** Tomaten
                        = **65** Tomaten

chorghmaH cha' tomat naH boqHa' wa'maH Soch tomat naH;
chen; javmaH Soch tomat naH boqHa' cha' tomat naH;
chen javmaH vagh tomat naH.

5) **99** Lohrcam – **80** Lohrcam = **19** Lohrcam

HutmaH Hut loghqam boqHa' chorghmaH loghqam;
chen wa'maH Hut loghqam.

6) **22** Udsch – **15** Udsch = **2** Udsch + **5** Udsch = **7** Udsch

cha'maH cha' 'uj boqHa' wa'maH vagh 'uj;
chen; cha' 'uj boq vagh 'uj;
chen Soch 'uj.

3. Ungleichungen: wItte' 'en – Nichtgleichungen

In der Mathematik ist nicht immer alles gleich. Es gibt nicht nur Gleichungen, sondern auch „Nicht-Gleichungen" oder im deutschen Sprachgebrauch „Ungleichungen" wie zum Beispiel

$$3 \neq 5$$

wej 'oH; **chenbe'** vagh.

Es ist eine drei; fünf bildet sich nicht.

$\Rightarrow$ Drei ist nicht gleich fünf.

Nebenbemerkung: Hier wird das {… 'oH}, „es ist … " als eine Verkürzung der ausführlichen Aussage {… 'oH mI"e'}, „die Zahl ist …" gesehen. Die Pluralform {wej bIH} macht hier also keinen Sinn.

Darüber hinaus ist {wej} als Zahlwort ein Substantiv, das nicht in den Plural gesetzt werden kann. Im Klingonischen existieren also keine {wejmey} oder {vaghmey}.

Natürlich könnte man auch versuchen, direkt {wej 'oHbe' vagh'e'.}, „fünf ist nicht drei" zu sagen. Aber das klingt irgendwie unklingonisch, terran gekünstelt. Klingonen lieben Parataxen. Besser ist es also, die oben angeführte Parataxe oder alternativ

$$3 \neq 5$$

wej tu'lu'; **chenbe'** vagh.
wej tu'lu'; rapbe' vagh.
wej tu'lu'; nIbbe' vagh.
wej tu'lu'; rurbe' vagh.

Drei gibt es; fünf bildet sich nicht.
Drei gibt es; fünf ist nicht gleich.
Drei gibt es; fünf ist nicht identisch.
Drei gibt es; fünf gleicht ihr nicht.

19

wej tu'lu'; pIm vagh.

Drei gibt es; fünf ist verschieden.

$\Rightarrow$ Drei ist nicht gleich fünf.

zu verwenden. Lustig und sehr klingonisch ist auch:

vII 'oH wej'e'; vII 'en 'oH vagh'e';

$\Rightarrow$ Drei ist einfach etwas Vorhandenes; Fünf ist einfach etwas Nicht-Vorhandenes.

zu verwenden. Damit wären wir wieder beim {'en}:

https://klingon.wiki/Wort/-en

wItte'	–	(mathematische) Gleichung
'en	–	etwas nicht sein, meist ausgedrückt duch die deutschen Vorsilben „un-", „nicht-"
wItte' 'en	–	Nicht-Gleichung $\rightarrow$ Ungleichung

Wenn man das also unbedingt in irdischer Form als „drei ist nicht gleich fünf" sagen will, dann bitte so:

$$3 \neq 5$$

wej 'en 'oH vagh'e'.

Die Fünf ist eine Nicht-Drei.

$\Rightarrow$ Drei ist nicht gleich fünf.

Aber das sind alles nur semantische Spielerein. In der Mathematik umfasst das Gebiet der Ungleichungen ja vor allem die Vergleichsrelationen. Wir wollen wissen, ob drei größer als fünf ist, oder ob fünf größer ist als drei.

Natürlich kennen wir schon das Ergebnis:

$$3 < 5$$

Drei ist kleiner als fünf.

20

Und das ist sprachlich spannend! Die sprachliche Konstruktion solcher Vergleichsrelationen wird im Klingonischen als große Kunst betrachtet und kann anhand des Beispiels in

https://klingon.wiki/En/TheKlingonWayBreakdown

nachvollzogen werden:

batlh potlh law'; yIn potlh puS.

Die wichtige Ehre ist mehr; Das wichtige Leben ist weniger.
(Das Wichtig-Sein der Ehre übertrifft das Wichtig-Sein des Lebens.)

$\Rightarrow$ Ehre ist wichtiger als Leben.

Diese sprachliche Ausgestaltung von Vergleichen ist grammatikalisch so fundamental und so interessant, dass Canterburianische Linguisten dies sogar in Neuseeland anhand des Beispiels

la' jaq law'; yaS jaq puS.

Der mutige Kommandeur ist mehr; der mutige Offizier ist weniger.
(Das Mutig-Sein des Kommandeurs übertrifft das Mutig-Sein des Offiziers.)

$\Rightarrow$ Der Kommandeur ist mutiger als der Offizier.

ausführlich diskutieren, siehe:

Nikita Sutrave: Hol Sarmey QeD QulwI' ghItlh: A typological analysis of Klingon. Master Thesis. University of Canterbury 2017, S. 33 & S. 77, Url: https://ir.canterbury.ac.nz/items/822a3174-4373-4d02-8487-68585369cac8.

Ja, das Ganze ist ein extrem spannender klingonischer Stilbruch! Obwohl uns immer und immer wieder gesagt und erzählt wird, dass ein Substantiv nicht gleichzeitig zwei Adjektive

http://klingon.wiki/De/AllgemeineGrammatikfragen

haben kann, ist dies bei dieser Vergleichskonstruktion tatsächlich der

Fall, denn wir haben mit dem Canterburianischen {la' jaq law'} ja eigentlich einen {mutigen, mehr-seienden Kommandeur} mit zwei Adjektiven.

Diesen Widerspruch lösen Klingonisten dadurch auf, indem sie {jaq} nicht als Eigenschaftsverb bzw. Adjektiv „mutig" lesen, sondern als Substantiv „Mutig-Sein". Dadurch erhalten wir eine Genetivverbindung zweier Substantive, die als Adjektiv {law'} oder {puS} trägt.

{la' jaq law'; yaS jaq puS.} müsste also eigentlich wortwörtlich übersetzt werden als: „Das mehr-seiende Mutig-Sein des Kommandeurs; das wenig-seiende Mutig-Sein des Offiziers."

Und noch ein Hinweis zur Zeichensetzung, für die wir Terraner vollkommen blind sind. In den Star-Trek-Filmen wird ja klingonisch gesprochen, nicht geschrieben. Sehr klar wird das in

https://klingon.wiki/De/Satzzeichen

ausgedrückt: „Da wir nichts über das Schreiben im Klingonischen wissen, wissen wir auch nichts über Satzzeichen." Wir wissen überhaupt nicht, wie wir in klingonischen Sätzen die Zeichensetzung vornehmen sollten oder müssten.

Deshalb wird in diesem Buch die Vergleichskonstruktion mit Hilfe der Verben {law'} und {puS} durch einen Strichpunkt, der die beiden Satzhälften trennt, parataktisch gedeutet. Es handelt sich offenkundig um zwei eigenständige Teilsätze – und auch wenn andere klingonische Texte hier keinen Strichpunkt setzen, erscheint es doch logisch und inhaltlich korrekt.

Diese Vergleichskonstruktion übertragen wir mit Hilfe der Vokablen

law'	–	mehr sein / er ist mehr
puS	–	wenig sein / er ist wenig
mach	–	klein sein / er ist klein
tIn	–	groß sein / er ist groß

in die Mathematik:

$$3 < 5$$

wej mach law'; vagh mach puS.

Die kleine Drei ist mehr; die kleine Fünf ist weniger.
(Das Klein-Sein der Drei übertrifft das Klein-Sein der Fünf.)

$\Rightarrow$ Drei ist kleiner als fünf.

Umgekehrt erhalten wir:

$$5 > 3$$

vagh tIn law'; wej tIn puS.

Die große Fünf ist mehr; die große Drei ist weniger.
(Das Groß-Sein der Fünf übertrifft das Groß-Sein der Drei.)

$\Rightarrow$ Fünf ist größer als drei.

Das können wir nun auch bei physikalischen Größen mit Einheiten so machen. Dies wird uns in

https://klingon.wiki/En/GoFlight

ausdrücklich erlaubt. Dabei verwenden wir als weitere klingonische Längeneinheit die Größe „Udschja", {'uj'a'},

https://klingon.wiki/Word/-uj-a-

Ein Udschja entspricht neun Udsch, also ungefähr

$$1 \text{ Udschja} = 9 \text{ Udsch} = 9 \cdot 0{,}35 \text{ m} = 3{,}15 \text{ m}$$

wa' 'uj'a'; **chen** Hut 'uj; **chen** 3,15 tera' mI'tar; **chen** 3,15 mI'tar.

Über diese seltsame Einheit ganz zum Schluss können sich Klingonen nur wundern. Als sie zum ersten Mal von dieser irdischen Längeneinheit hörten, fragten sie sich, was sie bedeutet.

mIt   –   angemessen sein, angebracht sein
'ar   –   wie viel, wie viele

mIt 'ar ?   –   Wie viel ist angemessen?
                         Wie viele sind angemessen?

Natürlich haben sie recht schnell den Zusammenhang zwischen irdischen Metern und Udschjas herausbekommen. Aber es hat ihnen
nicht gefallen, und so deuteten sie ihre Frage um in:

mI'   –   Zahl
tar   –   Gift
mI' tar   –   Gift der Zahl = Zahlengift
tera' mI' tar –   Zahlengift der Erde

Ohne Lücke geschrieben ist das dann die (bis jetzt nicht-kanonische)
irdische Längeneinheit,

$$tera' \ mI'tar \ = \ \text{irdische Meter}$$

die oft einfach als

$$mI'tar \ = \ \text{Meter}$$

geschrieben wird. Aus klingonischer Sicht ist das eine vergiftete Maß-
einheit, da sie ohne irgendeinen Bezug zum ternär-dreiwertig gepräg-
ten klingonischen Einheitensysm auskommt. Ähnlich ist das mit den
irdischen Litern. Sie sind zwar nützlich, aber ebenso vergiftet:

lI'   –   1. nützlich sein / es ist nützlich
                        2. Daten übertragen zu
lI' tar   –   1. das Gift ist nützlich
                        2. das Gift überträgt Daten
tera' lI' tar –   das Gift überträgt Daten zur Erde

Ohne Lücke geschrieben ist das dann die (bis jetzt nicht-kanonische)
irdische Volumeneinheit,

$$tera' \ lI'tar \ = \ \text{irdische Liter}$$

die oft einfach als

$$lI'tar \ = \ \text{Liter}$$

geschrieben wird. Die Umrechnung erfolgt dann über

$$(\text{wa' 'uj'})^3 = (0{,}35 \text{ m})^3 = (3{,}5 \text{ dm})^3 = 42{,}875 \text{ dm}^3 = 42{,}875 \text{ tera' lI'tar}$$
$$= 42{,}875 \text{ lI'tar}$$

denn ein Kubikdezimeter dm^3 entspricht dem Volumen von einem Liter. Das aber werden wir uns erst dann genauer anschauen können, wenn wir wissen, wie mit Potenzen und mit der Klammersetzung klingonisch umzugehen ist.

Machen wir also weiter mit den Ungleichungen. Dazu verwenden wir jetzt die Eigenschaftsverben:

tIq   –   (räumlich) lang sein / er ist lang
wIl   –   (räumlich) kurz sein / er ist kurz

Also beispielsweise:

$$7 \text{ Udschja} > 4 \text{ Udschja}$$

Soch 'uj'a' tIq law'; loS 'uj'a' tIq puS.

Sieben lange Udschja sind mehr; vier lange Udschja sind weniger.
(Das Lang-Sein von sieben Udschja übertrifft das Lang-Sein von vier Udschja.)

$\Rightarrow$ Sieben Udschja sind länger als vier Udschja.

Oder:

$$7 \text{ Udschja} < 64 \text{ Udsch}$$

Soch 'uj'a' wIl law'; javmaH loS 'uj wIl puS.

Sieben kurze Udschja sind mehr; vierundsechzig kurze Udsch sind weniger.
(Das Kurz-Sein von sieben Udschja übertrifft das Kurz-Sein von vierundsechzig Udsch.)

$\Rightarrow$ Sieben Udschja sind kürzer als vierundsechzig Udsch.

Schließlich sind 7 Udsch nur

$$7 \text{ Udschja} = 9 \cdot 7 \text{ Udsch} = 63 \text{ Udsch}$$

und damit

63 Udsch < **64** Udsch

javmaH wej 'uj wI̱l law'; javmaH loS 'uj wI̱l puS.

Aus rein logisch-grammatikalischer Sicht könnten wir die Ungleichung

3 < 5

wej mach law'; vagh mach puS.

Drei ist kleiner als fünf.

auch einfach nur in der Reihenfolge umkehren und

5 > 3

vagh mach puS; wej mach law'.

oder auch   wej tI̱n puS; vagh tI̱n law'.

schreiben, um die Aussage „fünf ist größer als drei" zu erhalten.

Aber Sprache ist nicht logisch, Sprache ist durch einen langen und keinesfalls geradlinigen Entwicklungsprozess entstanden.

In diesem Entwicklungsprozess treten immer wieder Symmetriebrüche zu Tage, die eine inhaltliche Bedeutungsänderung hervorbringen – auch an Stellen, an denen Nicht-Muttersprachler dies oft nicht vermuten.

Und in Bezug auf das Klingonische sind wir alle Nicht-Muttersprachlerinnen und Nicht-Muttersprachler. Und wenn ich als Rechenbuchautor die Erläuterungen auf

https://klingon.wiki/En/HolQeDv13n1

korrekt verstehe, dann führt eine Reihenfolgenumkehr bei einer {law'}-{puS}-Konstruktion in eine {puS}-{law'}-Konstruktion zu einer englischen „connotation of disparagement", zu einem Beiklang einer Nicht-Übereinstimmung oder einer Herabwürdigung.

{wej tIn puS; vagh tIn law'.} würde also in etwa verstanden werden als: „Fünf ist größer als drei, aber ich glaube es nicht."

Aber eine andere Umkehrung ist erlaubt und wird auf der gerade angegebenen Internetseite ganz unten aufgeführt. Schließlich ist die mathematische Aussage

$$3 > 5$$

wej tIn law'; vagh tIn puS.

Die große Drei ist mehr; die große Fünf ist weniger.
(Das Groß-Sein der Drei übertrifft das Groß-Sein der Fünf.)

$\Rightarrow$ Drei ist größer als fünf.

sprachlich und grammatikalisch zulässig. Sie ist jedoch inhaltlich vollkommen falsch. Wir müssen sie negieren, und dies geschieht durch das zweimalige Einfügen des Verneinungs-Rovers {-be'}:

wej tIn law'be'; vagh tIn puSbe'.

Die große Drei ist nicht mehr; die große Fünf ist nicht weniger.
(Das Groß-Sein der Drei übertrifft nicht das Groß-Sein der Fünf.)

$\Rightarrow$ Drei ist nicht größer als fünf.

Dies schreiben wir mathematisch als das Gegenteil von $3 > 5$.

Und das Gegenteil von $x > y$ ist nicht etwa $x < y$, sondern $x \leq y$. Also erhalten wir für das gesuchte Gegenteil jetzt

$$3 \leq 5$$

Wir können somit auch „kleiner-gleich-Beziehungen" oder „größer-gleich-Beziehungen" klingonisch ausdrücken, wie beispielsweise

Vier Boote sind nicht lauter als acht Boote.

4 Boote ≤ 8 Boote

Die Übersetzung gelingt dann mit Hilfe der folgenden Wörter ...

bIQ Duj   –   Boot
chuS   –   laut sein / er ist laut

… und der zuerst falschen Aussage:

$$4 \text{ bIQ Duj} > 8 \text{ bIQ Duj}$$

loS bIQ Duj chuS law'; chorgh bIQ Duj chuS puS.

Vier Boote sind lauter als acht Boote.

Verneinung:

$$4 \text{ bIQ Duj} \leq 8 \text{ bIQ Duj}$$

loS bIQ Duj chuS law'be'; chorgh bIQ Duj chuS puSbe'.

Vier Boote sind nicht lauter als acht Boote.

Damit kommen wir zu den Übungen, ebenfalls wieder mit ein paar neuen Vokabeln:

mugh   –   übersetzen / er übersetzt
yImugh !   –   Übersetze! Übersetze es! Übersetzt es!
pemugh !   –   Übersetzt!

patat 'oQqar –   Kartoffel
bo'Degh   –   Vogel

qaD Qu'mey wejDIch

1)   **12 ≠ 51**   yImugh !

2)   **18** Lohrcam ≠ **31** Lohrcam   yImugh !

3)   **32** Kartoffeln ≠ **79** Kartoffeln   yImugh !

4)   **43 < 44**   yImugh !

5)   **98** Udsch > **58** Udsch   yImugh !

6)   Zehn Vögel sind lauter als vier Vögel.   yImugh !

gher'IDmey wejDIch

1) **12 ≠ 51**

   wa'maH cha' tu'lu'; **chenbe'** vaghmaH wa'.

   oder alternativ:

   wa'maH cha' tu'lu'; rapbe' vaghmaH wa'.
   wa'maH cha' tu'lu'; nIbbe' vaghmaH wa'.
   wa'maH cha' tu'lu'; rurbe' vaghmaH wa'.
   wa'maH cha' tu'lu'; pIm vaghmaH wa'.
   vII 'oH wa'maH cha"e'; vII 'en 'oH vaghmaH wa"e';
   wa'maH cha' 'en 'oH vaghmaH wa"e'.

   ⇒ Zwölf ist nicht gleich einundfünfzig.

2) **18** Lohrcam **≠ 31** Lohrcam

   wa'maH chorgh loghqam tu'lu'; **chenbe'** wejmaH wa' loghqam.

3) **32** Kartoffeln **≠ 79** Kartoffeln

   wejmaH cha' patat 'oQqar tu'lu'; **chenbe'** SochmaH Hut patat 'oQqar.

4) **43 < 44**

   loSmaH wej mach law'; loSmaH loS mach puS.

5) **98** Udsch **> 58** Udsch

   HutmaH chorgh 'uj tIn law'; vaghmaH chorgh 'uj tIn puS.

6) Zehn Vögel sind lauter als vier Vögel.

   10 bo'Degh **> 4** bo'Degh

   wa'maH bo'Degh chuS law'; loS bo'Degh chuS puS.

29

4. Multiplikation: boq'egh
– Es vereinigt sich mit sich selbst

Die Multiplikation einer Zahl mit einer anderen wird klingonisch als eine Vereinigung mit sich selbst aufgefasst. Das basiert auf der elementaren Konstruktion einer Multiplikation, die als mehrfache Addition gedeutet werden kann.

So ist die Multipliktation der Zahl drei mit der Zahl fünf eine fünf-fache Vereinigung der Zahl drei mit sich selbst:

$$5 \cdot 3 = 3 + 3 + 3 + 3 + 3 = 15$$

Sprachlich wird dies durch die Typ-1-Verbnachsilbe {-'egh} ausge-drückt. Dies kennen wir schon vom Verb „sehen", {legh}:

	legh	–	er sieht
⇒	legh'egh	–	er sieht sich

Und vollkommen analog gilt dann für die Addition, die zur Multipli-kation wird, bzw. für die Vereinigung mit etwas anderem, die zu einer mehrfachen Vereinigung mit sich selbst wird:

	boq	–	er vereinigt sich mit ...
⇒	boq'egh	–	er vereinigt sich mit sich selbst

Da sich die drei mit sich selbst vereinigt, ist diese drei das Subjekt und steht hinter dem Verb {boq'egh}, also: {… boq'egh wej}.

Dabei ist zu berücksichtigen, was im Klingonischen Wörterbuch steht: „When this suffix {-'egh} is used, the prefix set indicating 'no object' must also be used." Im Klartext: Bei Verben mit {-'egh}-Ver-knüpfung gibt es kein Objekt. Was links vor {… boq'egh wej} steht ist also immer adverbial und kein direktes Objekt von {boq'egh}.

Dieses Adverb gibt nun an, wie oft oder um welches Vielfache sich die drei mit sich selbst vereinigt. Und das ist nun wieder ärgerlich: Marc Okrand wollte uns ärgern, als er die klingonische Sprache erfunden hat.

https://klingon.wiki/En/Ambiguity

Auf dieser Internetseite lesen wir: „Marc Okrand has confirmed several times that he has built up the word list of *The Klingon Dictionary* intentionally with ambiguous definitions, because he wanted to make a parody on existing travel guides." Es ist alles nur eine Parodie.

Aber Marc Okrand ist krachend gescheitert. Wir lesen seine Parodie nicht als Parodie, sondern nehmen ihn sehr ernst, wenn wir klingonisch sprechen.

Und so stehen wir vor dem Problem, dass zentrale Wörter eine Mehrfachbedeutung aufweisen, und das ist auch beim Wort {logh} für Raum bzw. Weltraum so. Als klingonische Nachsilbe {-logh} entspricht sie der deutschen Nachsilbe „-fach" bzw. „-mal":

wa'logh	–	einfach,	einmal,	ein Mal
cha'logh	–	zweifach,	zweimal,	zwei Mal
wejlogh	–	dreifach,	dreimal,	drei Mal
loSlogh	–	vierfach,	viermal,	vier Mal
vaghlogh	–	fünffach,	fünfmal,	fünf Mal
javlogh	–	sechsfach,	sechsmal,	sechs Mal
Sochlogh	–	siebenfach,	siebenmal,	sieben Mal
latlh je …	–	etc…		

Also erhalten wir für

5·3

dann

vaghlogh boq'egh wej.

Fünffach vereinigt sich die drei mit sich selbst.

bzw.   Fünfmal vereinigt sich die drei mit sich selbst.

Mit Ergebnis lautet diese Rechnung somit:

$$5 \cdot 3 = 15$$

vaghlogh boq'egh wej; **chen** wa'maH vagh.

Fünfmal vereinigt sich die drei mit sich selbst; fünfzehn entsteht.

$$\Rightarrow \text{ Fünf mal drei gleich fünfzehn.}$$

Jetzt schauen wir uns ein Auto an. Es besitzt vier Türen. Wieviele Türen zählenen wir, wenn sieben Autos vor uns stehen?

$$\text{7 Autos} \cdot \text{4 Türen} = \text{28 Autotüren}$$

Die klingonische Multiplikation verläuft dann in ähnlicher Art und Weise mit Hilfe der Vokabel {lojmIt} für „Tür“:

Sochlogh puH Duj boq'egh loS lojmIt; **chen** cha'maH chorgh puH Duj lojmIt.

Bei siebenfachen Autos vereinigen sich vier Türen mit sich selbst; achtundzwanzig Autotüren entstehen.

Die klingonische Nachsilbe {-logh} wird auf der Internetseite

https://klingon.wiki/Word/Logh

ausdrücklich als „numbers repetition forming element“, als ein „Wiederholungsmarker für Zahlen“ bezeichnet, so dass davon auszugehen ist, dass sie als Nachsilbe nur an Zahlen angefügt werden kann.

Wir können also **nicht** sagen {Soch puH Dujlogh boq'egh …}, da ja die vier Türen „des Autos siebenfach“ mit sich selbst vereinigt werden und diese vier Türen **nicht** „sieben autofach“ mit sich selbst vereingt werden können. Da ist das Deutsche ganz ähnlich strukturiert wie das Klingonische.

Grammatikalisch gesehen ist das alles sowieso nur eine Abkürzung, die auf dem substantivischen Adverb

'op	–	eine unspezifizierte Menge, manche, einige
'op logh	–	Raum der unspezifizierten Menge
→ 'oplogh	–	mehrmals, mehrfach, aber auch: das Mehrfache

beruht.

{'oplogh} ist also ein Adverb und irgendwie gleichzeitig auch ein Substantiv. Das macht Marc Okrand öfters so. So ist das Substantiv {po} für „der Morgen" gleichzeitig ein Adverb und bedeutet „morgens", wenn {po} an den Satzanfang gestellt wird.

Der Satz

> Sochlogh puH Duj boq'egh loS lojmIt; **chen** cha'maH chorgh
> puH Duj lojmIt.

ist dann nichts anderes als die längere Form des adverbialen

> Soch puH Duj 'oplogh boq'egh loS lojmIt;
> **chen** cha'maH chorgh puH Duj lojmIt.

> Als Mehrfaches von sieben Auto vereinigen sich vier Türen mit sich
> selbst; achtundzwanzig Autotüren entstehen.

Vielleicht hatte Marc Okrand bei der {-logh}-Konstruktion auch

> 'oplogh Soch puH Duj boq'egh loS lojmIt;
> **chen** cha'maH chorgh puH Duj lojmIt.

> Mehrfach bei sieben Autos vereinigen sich vier Türen mit sich selbst;
> achtundzwanzig Autotüren entstehen.

im Kopf. Man weiß es nicht. Aber man müsste ihn mal fragen. Auf jeden Fall wird hier das Zahlwort {Soch} und das Wort {'oplogh} von ihm zum einfacheren {Sochlogh} zusammengezogen.

Wie dem auch sei: Noch stehen wir hier nicht nur sprachlich, sondern auch mathematisch auf wackligem Boden. Im üblichen Schulunterricht wird deshalb meist die reduzierte Fassung

$$7 \cdot 4 \text{ Autotüren} = 28 \text{ Autotüren}$$

Sochlogh boq'egh loS puH Duj lojmIt; **chen** cha'maH chorgh puH Duj lojmIt.

Siebenmal vereinigen sich vier Autotüren mit sich selbst; achtundzwanzig Autotüren entstehen.

diskutiert. Und die vollständige Fassung

$$7 \text{ Autos} \cdot 4 \, \frac{\text{Autotüren}}{\text{Auto}} = 28 \text{ Autotüren}$$

können wir erst dann übersetzen, wenn wir wissen, wie mit Brüchen umzugehen ist. Schließlich sind es ja „vier Autotüren pro Auto", also muss durch diese Einheit „Auto" dividiert werden, so dass sie sich schlussendlich wegkürzt.

Das macht sich insbesondere dann bemerkbar, wenn wir uns Größen mit Einheiten ansehen.

Wie also gehen wir mit der Rechnung

$$6 \text{ Udsch} \cdot 9 \text{ Udsch} = 54 \text{ Quadrat-Udsch}$$

um, bei der wir den Flächeninhalt eines Rechtecks mit Seitenlängen von a = **6** Udsch und b = **9** Udsch berechnen?

Die einfache Antwort ist: Wir rechnen die **54** Quadrat-Udsch in die klingonische Flächeneinheit Morr, {morgh}, um:

https://klingon.wiki/Wort/Morgh

$$\text{wa' morgh} = 1 \text{ Morr} = 27 \text{ Quadrat-Udsch}$$

Dann erhalten wir

$$6 \text{ Udsch} \cdot 9 \text{ Udsch} = 2 \cdot 27 \text{ Quadrat-Udsch} = 2 \text{ Morr}$$

und unsere Übersetzung lautet:

javlogh 'uj boq'egh Hut 'uj;
chen; cha'logh boq'egh cha'maH Soch 'uj meyrI';
chen cha' morgh.

Dabei verwenden wir das klingonische Wort {meyrI'}, das aus der Geometrie stammt und dessen ethymologischer Ursprung verworren erscheint:

mey	–	passen / er passt
		(beispielsweise: {mumey wep.} „Die Jacke passt mir.“)
rI'	–	grüßen, zujubeln / er grüßt
mey. rI'.	–	Er passt. Er grüßt.
meyrI'	–	Quadrat

$\Rightarrow$ rI' meyrI'mey. = Die Quadrate grüßen.

'uj meyrI'	–	Quadrat des Udsch, Quadrat-Udsch $\rightarrow$ Udsch^2 (analog zum englischen Ausdruck „squared“)

Ein irdischer Quadratmeter m^2 wäre dann vielleicht

$$1 \text{ m}^2 = \text{wa' tera' mI'tar meyrI'} = \text{wa' mI'tar meyrI'}$$

Aber Marc Okrand hat dies so nie bestätigt. Über irdische Maßeinheiten schweigt er. Sie interessieren ihn nicht.

Und auch wir schweigen jetzt und hören hier auf und machen stattdessen einige Übungen. Für diese Übungen lernen wir noch eine neue Vokabel:

Suq	–	erlangen, erhalten, bekommen / er erhält
SIv	–	sich wundern, sich fragen / er wundert sich

$\Rightarrow$ Suq 'e' SIv. – Er wundert sich, dass er erhält.

SuqSIv	–	Kern

Klingonen wundern sich also, das sich mitten in einer Kirsche immer so ein unpraktisches hartes Ding befindet, das sie erhalten, wenn sie auf eine irdische Kirsche beißen.

qaD Qu'mey loSDIch

1) $8 \cdot 6 = ?$ yISIm !

2) $12 \cdot 8 = 24 \cdot 4 = 48 \cdot 2 = ?$ yISIm !

3)   **5** Birnen $\cdot$ **6** Kerne $= ?$ yISIm !

4)   **9** Udsch $\cdot$ **9** Udsch $= ?$ yISIm !

5)   **18** Udsch $\cdot$ **36** Udsch $=$ **2** Udschja $\cdot$ **4** Udschja $= ?$ yISIm !

6)   **5** m $\cdot$ **16** m $= ?$ yISIm !

gher'IDmey loSDIch

1) $8 \cdot 6 = 48$

   chorghlogh boq'egh jav; **chen** loSmaH chorgh.

2) $12 \cdot 8 = 24 \cdot 4 = 48 \cdot 2 = 96$

   wa'maH cha'logh boq'egh chorgh;
   chen; cha'maH loSlogh boq'egh loS;
   chen; loSmaH chorghlogh boq'egh cha';
   chen HutmaH jav.

3)   **5** Birnen $\cdot$ **6** Kerne $=$ **30** Birnenkerne

   vaghlogh per naH boq'egh jav SuqSIv;
   chen wejmaH per naH SuqSIv.

   Oder länger und ausführlicher:

   vagh per naH 'oplogh boq'egh jav SuqSIv;
   chen wejmaH per naH SuqSIv.

4) 9 Udsch $\cdot$ 9 Udsch $=$ 81 Udsch^2 $=$ $3 \cdot 27$ Udsch^2 $=$ 3 Morr

Hutlogh 'uj boq'egh Hut 'uj;
chen chorghmaH wa' 'uj meyrI';
chen; wejlogh boq'egh cha'maH Soch 'uj meyrI';
chen wej morgh.

Oder länger und ausführlicher:

Hut 'uj 'oplogh boq'egh Hut 'uj;
chen chorghmaH wa' 'uj meyrI';
chen; wejlogh boq'egh cha'maH Soch 'uj meyrI';
chen wej morgh.

5) 18 Udsch $\cdot$ 36 Udsch $=$ 2 Udschja $\cdot$ 4 Udschja $=$ 8 Udschja^2
                    $= 3$ Udsch $\cdot 24$ Udschja $= 24$ Morr

wa'maH chorghlogh 'uj boq'egh wejmaH jav 'uj;
chen; cha'logh 'uj'a' boq'egh loS 'uj'a';
chen chorgh 'uj'a' meyrI';
chen; wejlogh 'uj boq'egh cha'maH loS 'uj'a';
chen cha'maH loS morgh.

Oder länger und ausführlicher:

wa'maH chorgh 'uj 'oplogh boq'egh wejmaH jav 'uj;
chen; cha' 'uj'a' 'oplogh boq'egh loS 'uj'a';
chen chorgh 'uj'a' meyrI';
chen; wej 'uj 'oplogh boq'egh cha'maH loS 'uj'a';
chen cha'maH loS morgh.

6) 5 m $\cdot$ 16 m $=$ 80 m^2

vaghlogh mI'tar boq'egh wa'maH jav mI'tar;
chen chorghmaH mI'tar meyrI'.

Oder länger und ausführlicher:

vagh mI'tar 'oplogh boq'egh wa'maH jav mI'tar;
chen chorghmaH mI'tar meyrI'.

5.   Potenzierung: Sep'egh – Es brütet sich selbst aus

Die klingonische Potenzbildung läuft sprachlich analog zur klingonischen Multiplikation ab. Es wird lediglich das Verb ausgetauscht und anstelle einer Vereinigung mit Hilfe des Verbs {boq} ein Ausbrüten mit Hilfe des Verbs {Sep} vorgenommen:

Sep   –   ausbrüten, züchten, hervorrufen / er brütet aus
qovDa'   –   Exponent

Das ergibt dann die folgende gleichartige Strukturierung:

$$3 \cdot 4 = 12$$

wejlogh boq'egh loS; **chen** wa'maH cha'.
$$\downarrow$$
wejlogh Sep'egh loS; **chen** jav'maH loS.

$$4^3 = 64$$

Die direkte Übersetzung lautet dann:

Dreifach brütet sich die vier selbst aus; vierundsechzig entsteht.

Und wenn wir Kirschen oder nachher in den Übungsaufgaben Wassermelonen

tap	–	zerdrücken, zerstampfen / er zerdrückt
qej	–	griesgrämig sein, mürrisch sein, sauer sein, gemein sein / er ist mürrisch
tap. qej.	–	Er zerdrückt. Er ist mürrisch (bzw. sauer). (Ohne Lücke wird das wohl eine Sauerkirsche.)
tapqej	–	Kirsche
qaq	–	vorzuziehen sein / er ist vorzuziehen
qaq naH	–	Wassermelone

zählen, indem wir quadrieren, erhalten wir die sehr heikle und grammatikalisch problematische (weil falsch übersetzte) Aussage:

$$7^2 \text{ Kirschen} = \mathbf{49} \text{ Kirschen}$$

FALSCH: cha'logh Sep'egh Soch tapqej; **chen** loSmaH Hut tapqej.

> Doppelt brüten sich sieben Kirschen selbst aus;
> neunundvierzig Kirschen entstehen.

Hier brechen wir uns grammatikalisch das Genick, denn als Subjekt stehen {Soch tapqej}, „sieben Kirschen" rechts von {Sep'egh}, so dass nicht nur die sieben, sondern auch die Kirschen ausgebrütet werden:

$$(7 \text{ Kirschen})^2 = \mathbf{49} \text{ Kirschen}^2 = \mathbf{49} \text{ Quadrat-Kirschen}$$

RICHTIG:

cha'logh Sep'egh Soch tapqej; **chen** loSmaH Hut tapqej meyrI'.

> Doppelt brüten sich sieben Kirschen selbst aus;
> neunundvierzig Quadrat-Kirschen entstehen.

Um

$$7^2 \text{ Kirschen} = \mathbf{49} \text{ Kirschen}$$

korrekt übersetzen zu können, müssen wir irgendwie anzeigen, dass nur die sieben zum Subjekt gehört und die Kirschen nicht mit ausgebrütet bzw. potenziert werden.

Das kann uns gelingen, indem wir beispielsweise eine Parataxe bilden:

$$7^2 \text{ Kirschen} = \mathbf{49} \text{ Kirschen}$$

cha'logh Sep'egh Soch; tapqejmey DISuq; **chen** loSmaH Hut tapqej.

> Doppelt brütet sich sieben selbst aus; wir erhalten Kirschen;
> neunundvierzig Kirschen entstehen.

Allerdings ist diese Übersetzung nur bei gelesenem Text wirklich alltagstauglich. Beim Sprechen (oder beim Vorlesen im Schulunterricht) hören wir ja den Strichpunkt nicht mit, da er nicht ausgesprochen wird. Es ist also sinnvoll, dass wir uns für solche Fälle eine alternative Formulierung ausdenken. Hier bietet sich der Stopppunkt {DoD} an, den Klingonen verwenden, um Koordinaten deutlich und klar mitzuteilen:

$$\text{Kurs } 3 - 8 - 4 - 2$$

He wej DoD chorgh DoD loS DoD cha'

Kurs drei Stopp acht Stopp vier Stopp zwei

Auch in altertümlichen Telegrammen wird dieser Stopppunkt verwendet. Für die Sprechfassung, in der die Kirschen semantisch vom Subjekt abgetrennt werden, ergibt sich dann so etwas wie:

$$7^2 \text{ Kirschen} = \mathbf{49} \text{ Kirschen}$$

cha'logh Sep'egh Soch DoD tapqej; **chen** loSmaH Hut tapqej.

Doppelt brütet sich sieben selbst aus – Stopp – Kirschen (sind es); neunundvierzig Kirschen entstehen.

So können auch Gleichungen, die physikalische Einheiten beinhalten, gebildet werden. Dabei müssen wieder die gerade eben besprochenen zwei Fälle unterschieden werden:

1. Die physikalische Einheit wird nicht mit potenziert:

$$2^3 \text{ m} = \mathbf{8} \text{ m}$$

Hier geben wir dann die Einheit entweder dadurch an, dass wir sie parataktisch anfügen …

wejlogh Sep'egh cha'; mI'tar DISuq; **chen** chorgh mI'tar.

Dreifach brütet sich zwei selbst aus; wir erhalten Meter; acht Meter entstehen.

… oder wir fügen wir {DoD} als einen Stopppunkt ein:

wejlogh Sep'egh cha' DoD mI'tar; **chen** chorgh mI'tar.

Dreifach brütet sich zwei selbst aus – Stopp – Meter (sind es); acht Meter entstehen.

$\Rightarrow$ Zwei hoch drei Meter ist gleich acht Meter.

2.   Die physikalische Einheit wir mit potenziert:

$$(2 \text{ m})^3 = 8 \text{ m}^3$$

Hier bilden jetzt die zwei Meter das Subjekt. Allerdings benötigen für eine vollständige Übersetzung noch einen irdischen Kubikmeter. Dieser irdischer Kubikmeter m^3 wäre dann vielleicht

$$1 \text{ m}^3 = \text{wa' tera' mI'tar buq'Ir} = \text{wa' mI'tar buq'Ir}$$

Auch das hat Marc Okrand so nie bestätigt. Er schweigt und schweigt, wenn es um irdische Maßeinheiten geht. Deshalb sind wir so verwegen, hier einfach das klingonische Wort {buq'Ir} zu verwenden, das aus der Geometrie stammt. Und schon wieder zeigt sich ein erneut recht zweifelhafter ethymologischer Ursprung:

buq	–	Tasche, Sack, Beutel
'Ir	–	1. schätzen, vermuten, annehmen / er vermutet
		2. cremig sein, dickflüssig sein / er ist cremig
buq 'Ir	–	cremige Tasche, dickflüssiger Beutel
buq'Ir	–	Würfel

Weiß Ernö Rubik eigentlich,

https://de.wikipedia.org/wiki/Ernö_Rubik
https://klingon.wiki/En/Puns

dass sein Name (oder zumindest sein Würfel) als „cremige Tasche" durch die klingonische Welt wandert?

'uj buq'Ir	–	Würfel des Udsch, Kubik-Udsch $\rightarrow$ Udsch^3
		(analog zum englischen Ausdruck „cubed")

Damit übersetzen wir

$$(2 \text{ m})^3 = 2^3 \text{ m}^3 = 8 \text{ m}^3$$

vollständig als

41

wejlogh Sep'egh cha' mI'tar;
chen; wejlogh Sep'egh cha' DoD mI'tar buq'Ir;
chen chorgh mI'tar buq'Ir.

Dreifach brüten sich zwei Meter selbst aus;
es entsteht: dreifach brütet sich zwei selbst aus
– Stopp – Kubikmeter (sind es);
acht Kubikmeter entstehen.

Da Potenzen ziemlich schnell recht hohe Zahlen ergeben, benötigen wir für die Übungsaufgaben die klingonischen Zahlwörter für drei-stellige Zahlen:

EINHUNDERT	100	wa'vatlh
EINHUNDERTUNDEINS	101	wa'vatlh wa'
EINHUNDERTUNDZWEI	102	wa'vatlh cha'
EINHUNDERTUNDDREI	103	wa'vatlh wej
EINHUNDERTUNDVIER	104	wa'vatlh loS
EINHUNDERTUNDFÜNF	105	wa'vatlh vagh
…	…	…
ZWEIHUNDERT	200	cha'vatlh
DREIHUNDERT	300	wejvatlh
VIERHUNDERT	400	loSvatlh
FÜNFHUNDERT	500	vaghvatlh
SECHSHUNDERT	600	javvatlh
SIEBENHUNDERT	700	Sochvatlh
ACHTHUNDERT	800	chorghvatlh
NEUNHUNDERT	900	Hutvatlh

Und dann gibt es noch eine weitere klingonische Flächeneinheit, das Munja, {mun'a'}:

https://klingon.wiki/Wort/Mun-a-

1 Munja = **729** Morr

wa' mun'a' = Sochvatlh cha'maH Hut morgh

qaD Qu'mey vaghDIch

1) $7^3 = ?$ yISIm !

2) $8^3 = 2^9 = ?$ yISIm !

3) 5^4 Wassermelonen $= ?$ yISIm !

4) $(6 \text{ m})^3 = ?$ yISIm !

5) $(18 \text{ Udsch})^2 = (2 \text{ Udschja})^2 = ?$ yISIm !

6) $27^3 \text{ Udsch}^2 = 3^5 \text{ Udschja}^2 = ?$ yISIm !

gher'IDmey vaghDIch

1) $7^3 = 343$

wejlogh Sep'egh Soch; **chen** wejvatlh loSmaH wej.

2) $8^3 = 2^9 = 512$

wejlogh Sep'egh chorgh; **chen**; Hutlogh Sep'egh cha';
chen vaghvatlh wa'maH cha'.

3) 5^4 Wassermelonen $= 625$ Wassermelonen

loSlogh Sep'egh vagh; qaq naHmey DISuq;
chen javvatlh cha'maH vagh qaq naH.

oder:

loSlogh Sep'egh vagh DoD qaq naH;
chen javvatlh cha'maH vagh qaq naH.

4) $(6 \text{ m})^3 = 6^3 \text{ m}^3 = 216 \text{ m}^3$

wejlogh Sep'egh jav mI'tar;
chen; wejlogh Sep'egh jav; mI'tar buq'Ir DISuq;
chen cha'vatlh wa'maH jav mI'tar buq'Ir.

oder:

wejlogh Sep'egh jav mI'tar;
chen; wejlogh Sep'egh jav DoD mI'tar buq'Ir;
chen cha'vatlh wa'maH jav mI'tar buq'Ir.

5) $$(18 \text{ Udsch})^2 = (2 \text{ Udschja})^2 = 324 \text{ Udsch}^2 = 4 \text{ Udschja}^2$$
$$= 12 \text{ Morr}$$

cha'logh Sep'egh wa'maH chorgh 'uj;
chen; cha'logh Sep'egh cha' 'uj'a';
chen wejvatlh cha'maH loS 'uj meyrI';
chen loS 'uj'a' meyrI';
chen wa'maH cha' morgh.

6) $$27^3 \text{ Udsch}^2 = 3^5 \text{ Udschja}^2 = 243 \text{ Udschja}^2 = 729 \text{ Morr}$$
$$= 1 \text{ Munja}$$

wejlogh Sep'egh cha'maH Soch; 'uj meyrI' DISuq;
chen; vagh'logh Sep'egh wej; 'uj'a' meyrI' DISuq;
chen cha'vatlh loSmaH wej 'uj'a' meyrI';
chen Sochvatlh cha'maH Hut morgh;
chen wa' mun'a'.

oder:

wejlogh Sep'egh cha'maH Soch DoD 'uj meyrI';
chen; vagh'logh Sep'egh wej DoD 'uj'a' meyrI';
chen cha'vatlh loSmaH wej 'uj'a' meyrI';
chen Sochvatlh cha'maH Hut morgh;
chen wa' mun'a'.

6. Division: boqHa''egh – Es trennt sich von sich selbst

Die klingonische Division ist das Gegenteil der klingonischen Multiplikation. Dies wird grammatikalisch durch den Gegenteilsrover bzw. Negationsrover {-Ha'} ausgedrückt.

Aus den Verben		werden die gegenteiligen Verben	
boq	– sich vereinigen mit	boqHa'	– sich abspalten von
boq'egh	– sich mit sich selbst vereinigen	boqHa''egh	– sich von sich selbst abspalten

Eine Division ist somit eine Abspaltung von sich selbst. Bei der Division durch den Divisor zwei spaltet sich eine Zahl zweifach von sich selbst ab. Bei der Division durch den Divisor drei spaltet sich eine Zahl dreifach von sich selbst ab, etc. {latlh je} …

Das ist ein gänzlich anderer Gedankengang als bei der deutschsprachigen Division, die wir als **Aufspaltung** und nicht als **Sich-Selbst-Abspaltung** denken. Im deutschen Sprachraum spalten wir Zahlen ab, während sich im klingonsichen Sprachraum Zahlen selbst aufspalten. Psychologisch ist das interessant.

Im Klingonischen haben wir ein sehr aktives Zahlenverständnis, die Zahl agiert und tut etwas eigenständig. Zahlen sind Akteuere mit einem eigenen Willen, einer eigenen Persönlichkeit.

Im Deutschen dagegen folgen wir einem passiven Zahlenverständnis, die Zahl wird einem Prozess unterworfen und agiert nicht selbst. Wir tun etwas mit der Zahl, die einfach das zu machen hat, was wir wollen. Als Klingonen fordern wir natürlich: Befreit die deutschen Zahlen!

Spaltet sich die Zahl acht vierfach von sich selbst ab, entsteht zwei:

$$8 : 4 = 2$$

loSlogh boqHa''egh chorgh; **chen** cha'.

Eine einfache Abspaltung führt zur Identität und die Zahl ändert sich nicht:

$$8 : 1 = 8$$

wa'logh boqHa''egh chorgh; **chen** chorgh.

Natürlich können auch Dinge geteilt und von sich selbst abgespalten werden:

yuch	–	Schokolade
ngogh	–	Tafel, Riegel, Block, Klumpen
yuch ngogh	–	Schokoladentafel

12 Schokoladentafeln **: 3 = 4** Schokoladentafeln

wejlogh boqHa''egh wa'maH cha' yuch ngogh; **chen** loS yuch ngogh.

Dreifach spalten sich 12 Schokoladentafeln von sich selbst ab; vier Schokoladentafeln entstehen.

Und wenn wir in zu viele Teile teilen bzw. sich die Zahl zu oft von sich selbst abspaltet, können auch Bruchteile entstehen, beispielsweise halbe Schokoladentafeln.

bID   –   Hälfte

Bei diesem Wort {bID}

https://klingon.wiki/Word/BID

ist die Positionierung entscheidend. Es kann vor oder nach einem anderen Substantiv platziert werden:

yuch ngogh bID	–	eine Hälfte einer Schokoladentafel = eine halbe Schokoladentafel = eine Schokoladentafelhälfte
yuch ngoghmey bID	–	mehrere halbe Schokoladentafeln = mehrere Schokoladentafelhälften
bID yuch ngoghmey	–	die Hälfte der Schokoladentafeln

Im letzten Fall von {bID yuch ngoghmey} haben wir also viele ganze Schokoladentafeln, von denen wir die Hälfte nehmen. Und in den ersten beiden Fällen von {yuch ngogh bID} bzw. {yuch ngoghmey bID} haben wir die Schokoladentafeln in der Mitte durchgebrochen und es existieren keine ganzen Schokoladentafeln mehr.

Also erhalten wir:

12 Schokoladentafeln **: 24 = 1/2** Schokoladentafel

cha'maH loSlogh boqHa''egh wa'maH cha' yuch ngogh;
chen yuch ngogh bID.

Vierundzwanzigfach spalten sich 12 Schokoladentafeln von sich selbst ab; eine halbe Schokoladentafel entsteht.

Und wenn wir nur die Zahl **0,5 = ½** haben, dann ist das die Hälfte von eins, also auf klingonisch „eine halbe Eins" {wa' bID}:

8 : 16 = 1/2

wa'maH javlogh boqHa''egh chorgh; **chen** wa' bID.

Sechzehnfach spaltet sich acht von sich selbst ab; die Hälfte von eins entsteht.

Weitere Bruchteile können wir aber erst später besprechen, wenn wir uns die klingonischen Bruchzahlen angesehen haben.

Und nicht zuletzt ist die korrekte Bruchzahlzuordnung oft auch ein kulturspezifisches Problem. Während wir Deutschen von „Vollmond – abnehmendem Halbmond – Neumond – zunehmendem Halbmond" sprechen, sprechen Engländer von „new moon, the first quarter moon, the full moon and the last quarter moon".

https://en.wikipedia.org/wiki/Lunar_phase

Was wir als Hälften ansehen, sehen Briten als Viertel an – weil sie sich auf die zeitliche Einordnung beziehen und nicht auf die beleuchtete Mondfläche. Bei der sprachlichen Fassung schauen sie also auf den Kalender und nicht auf den Mond.

In der Mathematik und Physik sollte uns dies jedoch nicht passieren. Mathematische und physikalische Gesetze gelten (wahrscheinlich) universell und sind (wahrscheinlich) im ganzen Universum gleich. Wir sollten sie also so formulieren, dass sie auch universell verstanden werden, gerade auch, wenn physikalische Einheiten verwendet werden.

Deshalb müssen wir sprachlich auch eindeutig festlegen, wie wir beispielsweise mit

$$\mathbf{20 : 2} \ \text{s} = \text{????????}$$

umgehen.

Beschreibt dieser Bruch die Zeitdauer

$$\mathbf{(20 : 2)} \ \text{s} = \mathbf{10} \ \text{s} \qquad\qquad \text{???}$$

oder die Frequenz

$$\mathbf{20 : (2} \ \text{s)} = \mathbf{10} \ 1/\text{s} = \mathbf{10} \ \text{Hz} \qquad\qquad \text{???}$$

Die Antwort ist ernüchternd: Wir wissen es nicht, da in der uns bekannten klingonischen Mathematik darüber bis jetzt keine Aussage gemacht wird. Und weil wir es nicht wissen, sollten wir auf jeden Fall Unklarheiten vermeiden und die Schreibweise mit den acht Fragezeichen ganz oben vermeiden.

Stattdessen verwenden wir bei der Division durch einen Zahlenwert mit Einheit entweder immer eine Klammer oder einen Bruchstrich.

Der Frequenzausdruck

$$\mathbf{20 : (2} \ \text{s)} = \frac{\mathbf{20}}{\mathbf{2} \ \text{s}} = \mathbf{10} \ \frac{1}{\text{s}} = \mathbf{10} \ \text{Hz}$$

48

lautet dann mit Hilfe der folgenden (seltsamen) Vokabeln für die Einheiten:

lup	–	1. Sekunde
		2. transportieren / er transportiert
chaD	–	Tschad (Ländername)
vay'	–	jemand, etwas
chaD vay'	–	jemand des Tschad, etwas des Tschad
chaDvay'	–	Hertz

cha'logh lup boqHa"egh cha'maH;
chen wa'maH chaDvay'.

Bei zweifachen Sekunden spaltet sich zwanzig
von sich selbst ab; zehn Hertz entsteht.

Alternativ hätten wir aber auch die längere Fassung

cha' lup 'oplogh boqHa"egh cha'maH;
chen wa'maH chaDvay'.

Als Mehrfaches von zwei Sekunden spaltet sich zwanzig
von sich selbst ab; zehn Hertz entsteht.

anzubieten, bei der die Mehrfach-Vokabel {'oplogh} anzeigt, das sowohl durch {cha'} wie auch durch {lup} dividiert wird.

Und was machen wir mit dem folgenden Zeitausdruck?

$$(20 : 2)\, s = \frac{20}{2}\, s = 10\, s$$

Wir übersetzen …

cha'logh boqHa"egh cha'maH lup;
chen wa'maH lup.

… und stellen fest, dass hier etwas ganz Komisches passiert: Wir erhalten die Schokoladentafel-Struktur vom Beginn des Kapitels:

20 Schokoladentafeln : **2** = **10** Schokoladentafeln

cha'logh boqHa"egh cha'maH yuch ngogh;
chen wa'maH yuch ngogh.

Zweifach spalten sich 20 Schokoladentafeln von sich selbst ab;
zehn Schokoladentafeln entstehen.

Ersetzen wir hier den Begriff „Schokoladentafel", {yuch ngogh}
durch die Zeiteinheit „Sekunde", {lup}, erhalten wir den gerade eben
neu übersetzten Satz.

Und tatsächlich ist dieser Satz ja auch mathematisch äquivalent zur
Sekunden-Teilungsformel, da die Multiplikation mit Sekunden kommutativ ist und an jeder Stelle der Formel erfolgen kann:

$$(20 : 2)\,\text{s} = 20\,\text{s} : 2 = \frac{20}{2}\,\text{s} = \frac{20\,\text{s}}{2} = 10\,\text{s}$$

Ob wir **20** durch zwei teilen und mit Sekunden malnehmen, oder ob
wir **20** mal Sekunden, die durch zwei geteilt wurden, rechnen (also
zwanzig halbe Sekunden haben), macht mathematisch keinen Unterschied. Und deshalb ist es ganz o.k., dass es auch sprachlich keinen
Unterschied macht.

Mathematik-Puristen werden aber einwenden, dass nur die Übersetzungen

cha'logh boqHa"egh cha'maH; lup DISuq;
chen wa'maH lup.

bzw.

cha'logh boqHa"egh cha'maH DoD lup;
chen wa'maH lup.

die Klammerung wie im vorigen Kapitel sprachlich eindeutig wieder-
geben. Das ist natürlich richtig. Aber wollen wir wirklich Mathematik-Puristen oder Sprach-Puristen sein? Manchmal hilft ein Stückchen
Pragmatismus einfach schneller weiter.

Und da wir jetzt problemlos mit Sekunden umgehen können, schauen wir uns auch andere klingonische Zeiteinheiten an.

Seltsamerweise entsprechen sich die kürzeren klingonischen und irdischen Zeiteinheit wohl, so dass wir mit ihnen sofort wie gewohnt rechnen können. Ab einer Woche ändert sich das jedoch, da die klingonische Woche im Gegensatz zur irdischen Sieben-Tage-Woche lediglich sechs Tage aufweist.

lup	–	Sekunde		
tup	–	Minute	=	60 Sekunden
rep	–	Stunde	=	3 600 Sekunden
jaj	–	Tag	=	86 400 Sekunden
Qo'noS Hogh	–	Kronos-Woche	=	518 400 Sekunden
tera' Hogh	–	irdische Woche	=	604 800 Sekunden

Bevor wir jetzt zu den nächsten Übungen kommen, lernen wir noch einige weitere klingonische Zahlenbezeichnungen, damit wir auch höhere Zahlenwerte handhaben können.

Allerdings kommt uns die dubiose Star-Trek-Filmerei in die Quere, da am Filmset offenbar gelegentlich alles erst in englisch gedreht wurde und manche der gedrehten Szenen erst später ins Klingonische übertragen werden sollten. Damit die Lippenbewegungen dann zu den neu gesprochenen Wörtern passen, mussten zwei verschiedene Versionen für den Tausender-Zahlenbereich, siehe:

https://klingon.wiki/En/Numbers

erfunden werden.

			oder:
EINTAUSEND	1000	wa'SaD	wa'SanID
ZWEITAUSEND	2000	cha'SaD	cha'SanID
DREITAUSEND	3000	wejSaD	wejSanID
VIERTAUSEND	4000	loSSaD	loSSanID
…	…	…	

ZEHNTAUSEND	10000	wa'netlh
ZWANZIGTAUSEND	20000	cha'netlh
DREIßIGTAUSEND	30000	wejnetlh
VIERZIGTAUSEND	40000	loSnetlh
…	…	…
HUNDERTTAUSEND	100000	wa'bIp
ZWEIHUNDERTTAUSEND	200000	cha'bIp
DREIHUNDERTTAUSEND	300000	wejbIp
VIERHUNDERTTAUSEND	400000	loSbIp
…	…	…

Zum Üben hier noch schnell die Übersetzung der Sekundenangaben unserer Zeiteinheiten. Leider können wir bis jetzt noch nicht sagen: „Eine Minute hat ein Länge von 60 Sekunden", da auf der Internet- seite

https://klingon.wiki/En/Measurements

vermerkt ist: „There is no known verb for 'have a duration of'." Also umschreiben wir die Zeitmessung nur halbwegs elegant erst einmal durch:

wa' tup DaleghtaHvIS javmaH lup Daghov.
Während du eine Minute siehst, erkennst du 60 Sekunden.

qaStaHvIS wa' rep quq wejSaD javvatlh lup.
Während einer Stunde vergehen gleichzeitig 3600 Sekunden.

javmaH tup DISIQvIS wa' rep wIloS.
Während wir 60 Minuten ertragen warten wir auf eine Stunde.

quq wa' jaj, chorghnetlh javSaD loSvatlh lup je.
Ein Tag und 86400 Sekunden sind gleichzeitig.

Qo'noSDaq ngaj Hogh;
vaghbIp wa'netlh chorghSaD loSvatlh lup tu'lu'.
Auf Kronos ist die Woche kurz; es gibt 518400 Sekunden.

tera'Daq nI' Hogh; javbIp loSSaD chorghvatlh lup tu'lu'.
Auf der Erde ist die Woche lang; es gibt 604800 Sekunden.

Damit wird es Zeit für weitere Übungen und noch eine neue Vokabel.

tera' na'ran – Orange

qaD Qu'mey javDIch

1) **48 : 4 = ?**   yISIm !

2) **750 : 15 = 150 : 3 = ?**   yISIm !

3) **800 : 20 = 400 : 10 = 200 : 5 = ?**   yISIm !

4) **5022 Orangen : 9 = ?**   yISIm !

5) **33840 : (94 min) = ?**   yISIm !

6) **403200 : (224 h) = ?**   yISIm !

gher'IDmey javDIch

1) **48 : 4 = 12**

loSlogh boqHa"egh loSmaH chorgh;
chen wa'maH cha'.

2) **750 : 15 = 150 : 3 = 50**

wa'maH vaghlogh boqHa"egh Sochvatlh vaghmaH;
chen; wejlogh boqHa"egh wa'vatlh vaghmaH;
chen vaghmaH.

3) **800 : 20 = 400 : 10 = 200 : 5 = 40**

cha'maHlogh boqHa"egh chorghvatlh;
chen; wa'maHlogh boqHa"egh loSvatlh;
chen; vaghlogh boqHa"egh cha'vatlh;
chen loSmaH.

53

4) **5022** Orangen **: 9 = 1674** Orangen **: 3 = 558** Orangen

Hutlogh boqHa"egh vaghSaD cha'maH cha' tera' na'ran;
chen; wejlogh boqHa"egh wa'SaD javvatlh SochmaH loS
tera' na'ran;
chen vaghvatlh vaghmaH chorgh tera' na'ran.

5) $33840 : (94 \text{ min}) = \dfrac{33840}{94\,\text{min}} = 360\,\dfrac{1}{\text{min}} = 6\,\dfrac{1}{\text{s}} = 6\,\text{Hz}$

HutmaH loSlogh tup boqHa"egh wejnetlh wejSaD
chorghvatlh loSmaH;
chen; wa'logh tup boqHa"egh wejvatlh javmaH;
chen; wa'logh lup boqHa"egh jav;
chen jav chaDvay'.

oder:

HutmaH loS tup 'oplogh boqHa"egh wejnetlh wejSaD
chorghvatlh loSmaH;
chen; wa' tup 'oplogh boqHa"egh wejvatlh javmaH;
chen; wa' lup 'oplogh boqHa"egh jav;
chen jav chaDvay'.

6) $403200 : (224 \text{ h}) = \dfrac{403200}{224\,\text{h}} = 1800\,\dfrac{1}{\text{h}} = 30\,\dfrac{1}{\text{min}} = 1/2\,\dfrac{1}{\text{s}} = 1/2\,\text{Hz}$

cha'vatlh cha'maH loSlogh rep boqHa"egh loSbIp wejSaD
cha'vatlh;
chen; wa'logh rep boqHa"egh wa'SaD chorghvatlh;
chen; wa'logh tup boqHa"egh wejmaH;
chen; wa'logh lup boqHa"egh wa' bID; **chen** chaDvay' bID.

oder:

cha'vatlh cha'maH loS rep 'oplogh boqHa"egh loSbIp wejSaD
cha'vatlh;
chen; wa' rep 'oplogh boqHa"egh wa'SaD chorghvatlh;
chen; wa' tup 'oplogh boqHa"egh wejmaH;
chen; wa' lup 'oplogh boqHa"egh wa' bID; **chen** chaDvay' bID.

7. Dezimalzahlen: vI' – Punkt statt Komma

Strukturell ist die klingonische Sprache eine durch und durch englische Sprache. Klingonen sind verkappte Briten und ihre Sprache baut in elementaren Dingen auf britischen und amerikanischen Sprachgewohnheiten auf. Deshalb werden Dezimalzahlen auch nicht durch ein europäisches Komma, sondern durch einen klingonisch-britischen Punkt {vI'}

vI'   –   1. Scharfschützenschießerei
                    2. Punkt (in der Geometrie)
                    3. Dezimalpunkt (in der Algebra)

ausgedrückt.

Die Nachkommastellen werden dann jeweils einzeln genannt. Die Dezimalzahl **1,2345** wird somit als

1,2345 = wa' vI' cha' wej loS vagh

gelesen. Ist die Dezimalzahl kleiner als eins, steht also lediglich eine Null vor dem Komma, kann die Null {pagh} beim Sprechen (nicht aber beim Hinschreiben) weggelassen werden:

0,2345 = pagh vI' cha' wej loS vagh   (vollständige Sprechweise)
            = vI' cha' wej loS vagh   (abgekürzte Sprechweise)

Ganz genau wissen wir aber nicht, wie die Klingonen dies alles aufschreiben, da da die Dialoge in den Star-Trek-Filmen immer nur gesprochen, aber nicht geschrieben werden. Wir wissen deshalb auch nicht genau, ob das klingonische {DoD} als Trennungsmarker

DoD   –   Trennzeichen, Markierungszeichen, Stopppunkt

ein Punkt, ein Komma, ein Strichpunkt oder nur ein Strich ist (oder vielleicht ein auf den Kopf gestelltes Dreieck ▼). Dieser Trennungsmarker {DoD} wird unter anderem für die Angabe von Koordinatenwerten beim Navigieren genutzt.

Die Vermeidung eines Dezimalpunkts {vI'} deutet darauf hin, dass diese Kurskoordinaten – wie ja übrigens auch bei irdischen Koordinaten – keinem Zehnersystem folgen. Die Gradeinteilung hier auf der Erde basiert ja auf dem sumerischen und babylonischen Sexagesimalsystem

https://de.wikipedia.org/wiki/Sexagesimalsystem

Da die Zeiteinteilung von {lup} – {tup} – {rep} auf Kronos den irdischen Gewohnheiten zu entsprechen scheint, müssen wohl klingonische Sumerer bzw. klingonische Babylonier beim Entwickeln klingonischer Gepflogenheiten mitgewirkt haben.

Aber jetzt zurück zur Mathematik. Wir können mit Hilfe der Dezimalzahlen nun einige wichtige Zahlenwerte angeben. Für die Kreiszahl π existieren zwei klingonisches Worte:

gho	–	Kreis, Ring, Reifen
Sub	–	1. Held
		2. tafper sein, heldenhaft sein / er ist heldenhaft
		3. fest sein, stabil sein / er ist fest
-maH	–	Zahlennachsilbe für Zehner-Zahlen
SubmaH	–	Bruchteil, Verhältnis
gho SubmaH	–	π, Pi
ghomaH	–	π, Pi

Irgendwie ist die Zahl π also nicht nur stabil und unveränderlich, sondern auch heldenhaft:

$$\pi = \mathbf{3{,}14159} = \text{gho SubmaH} = \text{wej vI' wa' loS wa' vagh Hut}$$

Eine weitere wichtige Zahl ist die Eulersche Zahl e. Leider gibt es keine klingonische Bezeichnung für diese extrem wichtige mathematische Konstante. Die direkte lautliche Umschreibung des Namens „Euler" durch

'oy'	–	1. Schmerz
		2. schmerzen, weh tun / er schmerzt

56

legh	–	sehen / er sieht
'oy' legh	–	er sieht den Schmerz

⇒ 'oy'legh	–	Euler

ist vielleicht möglich, aber nicht unbedingt überzeugend. Eigentlich müssten wir

mI' legh	–	er sieht die Zahl

⇒ mI'legh	–	Euler

wählen, oder aber grundsätzlich das ansehen, was die Eulersche Funktion e^x ausmacht. Die Ableitung dieser Funktion $(e^x)'$ ist identisch zur gegebenen Funktion e^x. Das ist, was Mathematikerinnen und Mathematiker so an dieser Funktion fasziniert: Sie ändert sich beim Ableiten nicht.

Leider gibt es noch keinen klingonischen Begriff für „ableiten" oder „differenzieren". Aber es gibt einen Begriff für „Steigung". Und das ist ja die zentrale Aussage für diese Funktion e^x: Die Steigung der Funktion e^x entspricht an jeder Stelle ihrem Funktionswert.

Also benennen wir:

jan	–	Gerät
bI'	–	wegfegen / er fegt weg
jan bI'	–	er fegt das Gerät weg
janbI'	–	Steigung
jan bI' Sub	–	der Held fegt das Gerät weg
jan bI' SubmaH	–	das Verhältnis fegt das Gerät weg

⇒ janbI' SubmaH	–	das Verhältnis der Steigung = Eulersche Zahl

e = **2,71828** = janbI' SubmaH = cha' vI' Soch wa' chorgh cha' chorgh

Und dann sind da noch die Wurzeln, die wir auch irgendwie klingonisch bezeichnen sollten. Die bisher existierenden Begriff beziehen sich auf pflanzliche Wurzeln:

'oQqar	–	Wurzel, Knolle
'awje'	–	Wurzelbier

Irgendwie passen diese biologischen Wurzeln oder Wurzelprodukte nicht so richtig. Schauen wir uns lieber an, was eine mathematische Wurzel macht: Sie gibt die Seitenlänge eines Quadrats an. Also setzen wir den Begriff der mathematischen Wurzel mit dieser Seitenlänge gleich:

'ab	–	eine Länge haben von / er hat eine Länge von
'ab meyrI'	–	das Quadrat hat eine Länge von
men	–	ein Fläche haben von / er hat eine Fläche von
men meyrI'	–	das Quadrat hat eine Fläche von
-vam	–	diese, dieser, dieses (Nachsilbe)
meyrI'vam	–	dieses Quadrat

Den Ausdruck

$$\sqrt{2} = 1{,}41421$$

schreiben wir dann parataktisch als

cha' men meyrI'; **'ej vay** wa' vI' loS wa' loS cha' wa' 'ab meyrI'vam.

Das Quadrat hat eine Fläche von zwei;
und deshalb hat dieses Quadrat eine (Seiten-)länge von **1,41421**.

$\Rightarrow$ Die Quadratwurzel von zwei beträgt **1,41421**.

Da hier keine Gleichheitsbeziehung vorliegt, die durch die klingonische Gleichheitskennzeichnung in Form des fettgedruuckten {**chen**} ausgedrückt werden würde, geben wir mit Hilfe

'ej	–	und
vay	–	dann, deshalb, darum
'ej vay	–	und deshalb

eines fett gedruckten {**'ej vay**} an, dass eine mathematische Schlussfolgerung vorliegt.

Das gleiche können wir auch mit der Kubikwurzel machen, indem wir diese als die Seitenlänge eines Würfels auffassen:

muq   –   ein Volumen haben von / er hat ein Volumen von
muq buq'Ir   –   der Würfel hat ein Volumen von

Den Ausdruck

$$\sqrt[3]{2} = 1{,}25992$$

schreiben wir dann parataktisch als

cha' muq buq'Ir; **'ej vay** wa' vI' cha' vagh Hut Hut cha' 'ab buq'Irvam.

Der Würfel hat ein Volumen von zwei;
und deshalb hat dieser Würfel eine (Seiten-)länge von **1,25992**.

$\Rightarrow$ Die Kubikwurzel von zwei beträgt **1,25992**.

Für die vierte Wurzel

$$\sqrt[4]{2} = 1{,}18921$$

benötigen wir jedoch einen sprachlichen Trick, da ein Hyperkubus, ein Hyperwürfel in vier Dimensionen, noch keine klingonische Bezeichnung besitzt. Also bezeichnen wir den Hyperkubus als „Quadrat eines Quadrats", {meyrI' meyrI'}, da

$$2^4 = (2^2)^2$$

ist. Also erhalten wir:

$$\sqrt[4]{2} = \sqrt{\sqrt{2}} = 1{,}18921$$

cha' muq meyrI' meyrI';
'ej vay wa' vI' wa' chorgh Hut cha' wa' 'ab meyrI' meyrI'vam.

Das Quadrat eines Quadrats hat ein Hypervolumen von zwei;
und deshalb hat das Quadrat dieses Quadrats eine (Seiten-)länge
von **1,18921**.

$\Rightarrow$ Die vierte Wurzel von zwei beträgt **1,18921**.

Dabei übertragen wir die Bedeutung des Verbs {muq} ins Höherdimensionale und übersetzen es in geringfügiger Überdehnung der von Marc Okrand gemachten Vorgaben mit „ein Hypervolumen haben von".

Überhaupt stellen wir Marc Okrand eine gravierende sprachiche Frage: Wieso besitzt das Klingonische noch keinen Ausdruck für Objekte im Hyperraum? Da brausen klingonische Raumschiffe per Warp-Antrieb mit Überlichtgeschwindigkeit durch den Hyperraum – aber ein klingonisches Wort für „Hyperraum" existiert nicht?

Denn leider funktioniert unser sprachlicher Trick, den wir eben angewandt haben, nur für quadratische und würfelische höhere Dimensionen, also für Dimensionen von $4 = 2^2$, $8 = 2^3$, $16 = 2^4$ oder $9 = 3^2$, $27 = 3^3$, $81 = 3^4$, etc…

Wir haben somit bei einem fünfdimensionalen Hyperwürfel das Problem einer geeigneten Bezeichnung. Und deshalb müssen wir für die fünfte Wurzel von zwei auf die Potenzbildung zurückgreifen. Aber wir haben ja schon gelernt, wie das geht.

Die fünfte Wurzel von zwei fassen wir dann sprachlich, indem wir die Ausdrücke

$$\sqrt[5]{2} = x \quad \Leftrightarrow \quad x^5 = 2$$

als mathematisch äquivalent gleichsetzen. Die Streckenlänge x ist dabei die Länge einer Seite eines fünfdimensionalen Hyperwürfels. Diese Seitenlänge ist mathematisch gesehen eine Linie, englisch „line". Typisch Okrand gibt es nun sehr viele verschiedene mögliche Übersetzungen, die das englische Wort „line" ins Klingonische übertragen:

lansoy	–	line, row	–	Linie, Reihe, Schlange
		z.B. Menschen in einer Warteschlange, die sich bewegt		
wIyqap	–	line, row	–	Linie, Reihe, Schlange
		z.B. aufgereihte Menschen, die sich nicht bewegen		

wev	–	line row	–	Linie, Reihe (in einer Tabelle)
tlhegh	–	line, rope	–	Linie, Zeile, Seil
yam	–	eingefügt sein, eingegliedert sein, assimiliert sein		
taw	–	road, street, path	–	Straße, Weg, Strecke
yam taw	–	die Straße/Strecke ist eingefügt		
yamtaw	–	line	–	Linie, Strich

Einer mathematischen Strecke kommt da wohl noch der Begriff {yamtaw} am nächsten. Diesen verwenden wir deshalb vorläufig für unser x in $\sqrt[5]{2} = x$ bzw. $x^5 = 2$, bis uns Marc Okrand verrät, wie mathematische Variablen im Klingonischen eigentlich zu bezeichnen sind.

Aber mit den mathematischen Bezeichnungen steht Marc Okrand ja sowieso irgendwie auf Kriegsfuß. Er mag sie nicht, wie ganz klar am Begriff

https://klingon.wiki/Word/Varko-eng

abzulesen ist:

var	–	geizig sein / er ist geizig
qo'	–	Welt
'eng	–	Wolke
var qo' 'eng	–	die Wolke der Welt ist geizig
varqo'eng	–	Polynom, Polynomausdruck

Die Mathematik mit ihren dubiosen Polynomausdrücken ist geizig und irgendwie nebelverhangen wolkig, so dass man sowieso nichts kapiert. Schade, dass diese Okrandsche Sichtweise das ganze Klingonentum belastet, denn die klingonische Mathematik ist, wie wir noch sehen werden, ein interessantes und geradezu mitreisendes Konstrukt.

Da hat Marc Okrand mal wieder versehentlich etwas Großartiges geschaffen, obwohl es nur eine Parodie werden sollte.

Aber jetzt bilden wir unsere Parataxe für

$$x^5 = 2 \quad \Rightarrow \quad \sqrt[5]{2} = 1{,}14870$$

mit Hilfe von {'ej vay} zu:

vaghlogh Sep'egh yamtaw; **chen** cha';
'ej vay wa' vI' wa' loS chorgh Soch pagh 'ab yamtawvam.

Fünffach brütet sich die Strecke selbst aus; zwei entsteht;
und deshalb hat diese Strecke eine Länge von **1,14870**.

$\Rightarrow$ Die fünfte Wurzel von zwei beträgt **1,14870**.

Zu beachten ist, dass hier der genauere Wert von

$$\sqrt[5]{2} = 1{,}1486984 \approx 1{,}14870$$

gerundet wurde und das Ergebnis dann auf fünf Nachkommastellen genau ist. Wir lassen die Null {pagh} deshalb nicht weg, denn sonst würde man denken, dass nur auf vier Nachkommastellen genau gerechnet worden ist. Klingonische Lehrerinnen und Lehrer sind da auf Kronos sehr penibel.

Und sie mögen die parataktische Beschreibung von Wurzeln. Irdische Lehrerinnen und Lehrer sind dagegen nicht unbedingt so interessiert an dieser sehr klingonischen Vorgehensweise. Sie verstehen Wurzeln eher als nicht-ganzzahlige Potenzen.

So kann die Quadratwurzel als eine Potenz geschrieben werden, bei der die Basis hoch $^1/_2 = 0{,}5$ genommen wird. Bei einer Kubikwurzel wird die Basis hoch $^1/_3 = 0{,}\overline{3}\ldots \approx 0{,}333333$ genommen (und wir runden auf sechs gültige Ziffern, um unsere gewünschte Genauigkeit zu erhalten). Der Exponent $1/n$ ist somit immer das Reziproke des Wurzelgrads n.

Da wir wissen, wie Dezimalzahlen klingonisch gehandhabt werden, ist dies eine alternative, uns Terranern entgegenkommende Darstellung.

Die gerade eben berechneten Wurzeln lassen sich somit klingonisch auch angeben durch:

$$\sqrt{2} = 2^{0,5} = 1,41421$$

pagh vI' vaghlogh Sep'egh cha'; **chen** wa' vI' loS wa' loS cha' wa'.

Null Komma fünffach brütet sich zwei selbst aus; **1,41421** entsteht.

$$\sqrt[3]{2} = 2^{0,333333} = 1,25992$$

pagh vI' wej wej wej wej wej wejlogh Sep'egh cha'; **chen** wa' vI' cha' vagh Hut Hut cha'.

Null Komma drei drei drei drei drei dreifach brütet sich zwei selbst aus; **1,25992** entsteht.

$$\sqrt[4]{2} = 2^{0,25} = 1,18921$$

pagh vI' cha' vaghlogh Sep'egh cha'; **chen** wa' vI' wa' chorgh Hut cha' wa'.

Null Komma zwei fünffach brütet sich zwei selbst aus; **1,18921** entsteht.

$$\sqrt[5]{2} = 2^{0,2} = 1,14870$$

pagh vI' cha'logh Sep'egh cha'; **chen** wa' vI' wa' loS chorgh Soch pagh.

Null Komma zweifach brütet sich zwei selbst aus; **1,14870** entsteht.

Bevor wir nun zu den nächsten Übungen kommen, hier noch eine etwas vage Besprechung der einzigen uns bekannten klingonischen Volumeneinheit, dem Tlohren, {tlho'ren}:

https://klingon.wiki/Word/Tlho-ren
https://klingon.wiki/De/Msn_1997-10-22

Leider ist die Okrandianischen Herangehensweise auch in diesem Fall wieder durchzogen von absichtlichen Ungenauigkeiten und inexakten

63

Definitionen. So existiert bis jetzt nur eine sehr ungenaue Größenangabe für ein Tlohren. Die genaue Größe ist unbekannt.

Marc Okrand hat lediglich erwäht, dass das Volumen größenordnungsmäßig im Bereich eines Quarts bzw. Liters liegt. Um troztdem mit genauen Zahlen rechnen zu können, erfinden wir hier jetzt einfach eine exaktere Definition. Schließlich können wir uns von bisherigen Definitionen leiten lassen.

Ein Quadrat-Udschja sind **3** Morr. Und ein Munja sind **729** Morr. Also ist es mehr als nur absolut unlogisch, dass ein Tlohren

$$1 \text{ Tlohren} \approx \frac{1}{\sqrt{729 \cdot \sqrt{3}}} \text{ Udsch}^3 = 0{,}021383 \text{ Udsch}^3 \approx 0{,}92 \text{ Liter}$$

wa' tlho'ren ≈ pagh vI' pagh cha' wa' wej chorgh wej 'uj buq'Ir
≈ pagh vI' Hut cha' lI'tar

ist. Damit entspricht ein Tlohren {tlho'ren} ungefähr fast ziemlich genau dem „US dry quart" von **0,95** Litern. Wir können also ohne weitere klingonische Gewissensbisse sagen, dass ein Tlohren in etwa ein „US dry quart" ist.

Da dies nur eine geratene, ungenaue Angabe ist, verwenden wir das Ungefähr-Gleich-Zeichen, ein geschungenes Gleichheitszeichen ≈ . Ungefähre Angaben drücken wir im Klingonischen durch die Verbnachsilbe {law'} aus, die eine Unsicherheit in der Angabe beschreibt.

Die Tlohren-Umformung lautet dann vollständig klingonisch:

wa' tlho'ren tu'lu';
chenlaw' pagh vI' pagh cha' wa' wej chorgh wej 'uj buq'Ir;
chenlaw' pagh vI' Hut cha' lI'tar.

Dieses gleiche {law'} verwenden wir auch, wenn wir runden. Werden beispielsweise zwei Dezimalzahlen mit unterschiedlicher Genauigkeit angegeben und multipliziert, dann weist das Endergebnis nur die Genauigkeit der ungenaueren Zahl auf:

7,21 · 3,7684 = 27,170164 ≈ 27,17

Soch vI' cha' wa'logh boq'egh wej vI' Soch jav chorgh loS;
chen cha'maH Soch vI' wa' Soch pagh wa' jav loS;
chenlaw' cha'maH Soch vI' wa' Soch.

qaD Qu'mey SochDIch

1)   **12,9364 + 0,4487 = ?**   yISIm !

2)   **340,59 – 21,48 = 320,59 – 1,48 = ?**   yISIm !

3)   **712,30 · π = ?**   yISIm !

4)   **e : 1000 = ?**   yISIm !

5) $\sqrt[4]{7} = 7^{0,25} = ?$ yISIm !

6) $\sqrt[10]{2500} = \sqrt[5]{50} = ?$ yISIm !

gher'IDmey SochDIch

1)   **12,93 + 0,44 = 13,37**

     wa'maH cha' vI' Hut wej boq pagh vI' loS loS;
     chen wa'maH wej vI' wej Soch.

2)   **340,59 – 21,48 = 320,59 – 1,48 = 319,11**

     wejvatlh loSmaH vI' vagh Hut boqHa' cha'maH wa' vI' loS
     chorgh;
     chen; wejvatlh cha'maH vI' vagh Hut boqHa' wa' vI' loS chorgh;
     chen wejvatlh wa'maH Hut vI' wa' wa'.

3)   **712,30 · π = 712,30 · 3,14159 = 2237,754557 ≈ 2237,75**

     Sochvatlh wa'maH cha' vI' wej paghlogh boq'egh wa' gho
     SubmaH;
     chen; Sochvatlh wa'maH cha' vI' wej paghlogh boq'egh wej

vI' wa' loS wa' vagh Hut;
chen cha'SaD cha'vatlh wejmaH Soch vI' Soch vagh loS vagh
vagh Soch;
chenlaw' cha'SaD cha'vatlh wejmaH Soch vI' Soch vagh.

4) $\quad$ **e : 1000 = 2,71828 : 1000 = 0,00271828**

wa'SaDlogh boqHa''egh wa' janbI' SubmaH;
chen; wa'SaDlogh boqHa''egh cha' vI' Soch wa' chorgh cha'
chorgh;
chen pagh vI' pagh pagh cha' Soch wa' chorgh cha' chorgh.

5) $\quad$ $\sqrt[4]{7} = 7^{0,25} = 1,62658$

Soch muq meyrI' meyrI';
'ej vay wa' vI' jav cha' jav vagh chorgh 'ab meyrI' meyrI'vam.

oder:

loSlogh Sep'egh yamtaw; **chen** Soch;
'ej vay wa' vI' jav cha' jav vagh chorgh 'ab yamtawvam.

oder:

pagh vI' cha' vaghlogh Sep'egh Soch;
chen wa' vI' jav cha' jav vagh chorgh.

6) $\quad$ $\sqrt[10]{2500} = \sqrt[5]{50} = 2500^{0,1} = 50^{0,2} = 2,18672$

wa'maHlogh Sep'egh yamtaw; **chen** cha'SaD vaghvatlh;
'ej vay vaghlogh Sep'egh yamtaw; **chen** vaghmaH;
'ej vay cha' vI' wa' chorgh jav Soch cha' 'ab yamtawvam.

oder:

pagh vI' wa'logh Sep'egh cha'SaD vaghvatlh;
chen; pagh vI' cha'logh Sep'egh vaghmaH;
chen cha' vI' wa' chorgh jav Soch cha'.

8. Negative Zahlen: Dop – Es ist widersprüchlich

Negative Zahlen gibt es nicht. Trotzdem rechnen wir mit ihnen und Klingonen tun es auch. Negative Zahlen sind manchmal einfach praktisch, obwohl sie nur erfunden sind. Aber das sagt der Dedekind ja auch von allen anderen Zahlen und rechnet munter mit Ihnen rum.

Es ist alles also sehr, sehr widersprüchlich und genau dies hat Marc Okrand bei der klingonischen Benennung der negativen Zahlen auch deutlich gemacht. Sie werden mit Hilfe des Eigenschaftsverbs

Dop – gegensätzlich sein, widersprüchlich sein, negativ sein

bezeichnet. Eine „negative Drei" ist also gleichzeitig eine „widersprüchliche Drei". Im Klingonischen steht die Bezeichnung „negativ" oder „minus" jedoch nicht vor der Zahl, sondern hinter der Zahl. „minus drei" ist somit {wej Dop}, eigentlich eine „drei minus":

wa' Dop	–	minus eins	(– 1)
cha' Dop	–	minus zwei	(– 2)
wej Dop	–	minus drei	(– 3)
loS Dop	–	minus vier	(– 4)
vagh Dop	–	minus fünf	(– 5)
jav Dop	–	minus sechs	(– 6)
… etc …		… {latlh je} …	

Um mathematische Missverständnisse auszuschließen, werden negative Zahlen in vielen Fällen in Klammern gesetzt – beispielsweise, wenn vor ihnen ein Rechenzeichen steht. Diese zusätzliche Klammer schreiben wir nur hin, beim Reden sprechen wir sie aber nicht mit. Damit übersetzen wir:

$$9 + (-4) = 9 - 4 = 5$$

Hut boq loS Dop; **chen**; Hut boqHa' loS;
chen vagh.

Neun plus minus vier gleich neun minus vier gleich fünf.

$$8 - (-4) = 8 + 4 = 12$$

chorgh boqHa' loS Dop; **chen**; chorgh boq loS;
chen wa'maH cha'.

Acht minus minus vier gleich acht plus vier gleich zwölf.

oder

$$-2 + (-3) = -2 - 3 = -5$$

cha' Dop boq wej Dop; **chen**; cha' Dop boqHa' wej;
chen vagh Dop.

Minus zwei plus minus drei gleich minus zwei minus drei
gleich minus fünf.

Und mit Hilfe der Vokabeln

muD	–	Atmosphäre
Duj	–	Schiff
muD Duj	–	Schiff der Atmosphäre = Flugzeug

lassen wir fünf Flugzeuge abstürzen:

20 Flugzeuge + (**– 5**) Flugzeuge
= **20** Flugzeuge **– 5** Flugzeuge = **15** Flugzeuge

cha'maH muD Duj boq vagh Dop muD Duj;
chen; cha'maH muD Duj boqHa' vagh muD Duj;
chen wa'maH vagh muD Duj.

Zwanzig Flugzeuge plus minus fünf Flugzeuge gleich zwanzig
Flugzeuge minus fünf Flugzeuge gleich fünfzehn Flugzeuge.

Und mit physikalischen Einheiten können wir auch wieder rechnen, diesmal mit der klingonischen Temperatureinheit Schimjon,
{SImyon}. Sie basiert auf dem Gefrierpunkt von Stickstoff. Dabei
entsprechen {pagh SImyon}, **0** Schimjon, einer irdischen Temeratur
von – **210**°C. Eine Änderung um ein Schimjon {wa' SImyon} ändert
die Celsiustemperatur dann um jeweils **1,147** Grad.

Für diese irdische Bezeichnung „Grad Celsius" hat Marc Okrand bisher kein klingonisches Wort bekannt gegeben. Allerdings erschließt sich die Bezeichnung durch einen Analogieschluss fast von selbst.

Ein Schimyon {SImyon} setzt sich zusammen aus:

SIm	–	er berechnet.
yon	–	zufrieden sein / er ist zufrieden
SIm. yon.	–	Er berechnet. Er ist zufrieden.
→ SImyon	–	Schimjon, klingonische Temperatureinheit

Also haben wir logischerweise:

SIm. yonHa'.	–	Er berechnet. Er ist unzufrieden.
→ SImyonHa'	–	Schimjoncha = Grad Celsius, nicht-kanonische irdische Temperatureinheit

Temperatur {Hat}

$$-210°C + 1000 \cdot 1{,}147°C = 937{,}0°C \quad | \quad 1000 \text{ SImyon}$$

$$-210°C + 800 \cdot 1{,}147°C = 707{,}6°C \quad | \quad 800 \text{ SImyon}$$

$$-210°C + 600 \cdot 1{,}147°C = 478{,}2°C \quad | \quad 600 \text{ SImyon}$$

$$-210°C + 400 \cdot 1{,}147°C = 248{,}8°C \quad | \quad 400 \text{ SImyon}$$

$$-210°C + 200 \cdot 1{,}147°C = 19{,}4°C \quad | \quad 200 \text{ SImyon}$$

$$-210{,}0°C \quad | \quad 0 \text{ SImyon}$$

Beispielrechnung:

$$-28 \text{ Schimjon} + 17 \text{ Schimjon} = -11 \text{ Schimjon}$$

cha'maH chorgh Dop SImyon boq wa'maH Soch SImyon;
chen wa'maH wa' Dop SImyon.

Damit können wir auch den absoluten Nullpunkt berechnen, der bei (– **273,15**°C) liegt. Kälter kann es nicht werden und das wissen auch die Klingonen. Diese Temperatur T_0 = {Hat$_{pagh}$} ist somit die „Temperatur des Nichts", {pagh Hat}. In Schimjon erhalten wir dann für sie:

$$T_0 = \text{Hat}_{pagh} = -\,\mathbf{273,15}°C = \frac{-\,\mathbf{63,15}}{\mathbf{1,147}} \text{ Schimjon} = -\,\mathbf{55,1} \text{ Schimjon}$$

Mit Hilfe des Verbs

gheH   –   eine Temperatur haben von

formulieren wir dann:

cha'vatlh SochmaH wej vI' wa' vagh Dop SImyonHa' gheH pagh Hat;
chen; wa' vI' wa' loS Sochlogh boqHa"egh javmaH wej vI' wa' vagh
Dop SImyon;
chen vaghmaH vagh vI' wa' Dop SImyon.

Und hier zwei neue Vokabeln für die Übungen:

yuQ   –   Planet
ghor   –   Planetenoberfläche

qaD Qu'mey chorghDIch

1)   Die Planetenoberfläche hat eine Temperatur von – **185,9**°C.
                                                  yImugh !

2) $-\,\mathbf{8} - \mathbf{6} = ?$ yISIm !

3) $\mathbf{47} + (-\,\mathbf{50}) = ?$ yISIm !

4) $-\,\mathbf{72} \cdot (-\,\mathbf{89}) = ?$ yISIm !

5)   **52** Schimjon – (– **30**) Schimjon = ?   yISIm !

6)   **260,8** Udsch **:** (– **4**) = ?   yISIm !

7) $(-\,\mathbf{0{,}03125})^{(-\,4)}$ Planeten = ?   yISIm !

gher'IDmey chorghDIch

1)   Die Planetenoberfläche hat eine Temperatur von − **185,9**°C.

wa'vatlh chorghmaH vagh vI' Hut Dop SImyonHa' gheH ghor.

2)   − **8** − **6** = − **14**

chorgh Dop boqHa' jav; **chen** wa'maH loS Dop.

3)   **47** + (− **50**) = **47** − **50** = − **3**

loSmaH Soch boq vaghmaH Dop;
chen; loSmaH Soch boqHa' vaghmaH;
chen wej Dop.

4)   − **72** · (− **89**) = **72** · **89** = **6408**

SochmaH cha'logh Dop boq'egh chorghmaH Hut Dop;
chen; SochmaH cha'logh boq'egh chorghmaH Hut;
chen javSaD loSvatlh chorgh.

5)   **52** Schimjon − (− **30**) Schimjon = **52** Schimjon + **30** Schimjon
    = **82** Schimjon

vaghmaH cha' SImyon boqHa' wejmaH Dop SImyon;
chen; vaghmaH cha' SImyon boq wejmaH SImyon;
chen chorghmaH cha' SImyon.

6)   **260,8** Udsch **:** (− **4**) = − **65,2** Udsch

loSlogh Dop boqHa''egh cha'vatlh javmaH vI' chorgh 'uj;
chen javmaH vagh vI' cha' Dop 'uj.

7)   (− **0,03125**)$^{(-4)}$ Planeten = **32**^{4} Planeten = **1048576** Planeten

loSlogh Dop Sep'egh pagh vI' pagh wej wa' cha' vagh Dop DoD
yuQ;
chen; loSlogh Sep'egh wejmaH cha' yuQ;
chen wa''uy' loSnetlh chorghSaD vaghvatlh SochmaH jav yuQ.

9. Bruchzahlen: loch – Es ist ein Teil

Über klingonische Bruchzahlen ist so gut wie nichts bekannt. Wir wissen lediglich, dass sie mit Hilfe des Verbs

loch   –   ein Teil von etwas sein, ein Anteil von etwas bilden / er ist ein Teil von

https://klingon.wiki/En/NewWordsQepa26#Numbers:_Fractions

https://klingon.wiki/Word/Loch

gebildet werden.

Zwei Drittel sind dann: $2/3 = {}^{2}/_{3}$

wej loch cha'

zwei ist ein Teil von drei

oder: zwei bildet einen Anteil von drei

Sprachlich ist das natürlich der reinste Wahnsinn, vollkommen verwirrend und inkonsistent. Aber Marc Okrand mag es so. Er darf uns Mathematikerinnen und Mathematiker gerne veräppeln. Das und noch Vieles mehr werden wir auch überleben.

Weit schlimmer ist: Wir wissen nicht einmal, wie weit diese Bezeichnungsweise mit Hilfe von {loch} reicht und wie sie genau verwendet werden kann. Sind Brüche durch Einheiten erlaubt?

$1/\text{Udschja} = {}^{1}/_{\text{Udschja}}$

'uj'a' loch wa'   ???

Wir wissen es nicht! Sind Ausdrücke wie

$(2 + 3)/4 = {}^{2+3}/_{4}$

loS loch cha' boq wej   ???

erlaubt? Wir wissen es nicht! Oder sind Doppelbrüche wie

$$^{2/3}\!\big/_{4/5}$$

vagh loch loS loch wej loch cha'

???

erlaubt? Auch das wissen wir nicht. Also sollten wir sicherheitshalber auf solche {loch}-Konstruktionen verzichten und Ähnliches sprachlich besserer mit Hilfe der bereits bekannten Konstruktionen fassen.

Und äußerst wichtig für unsere zukünftige Handhabung von Bruchzahlen ist, dass jede {loch}-Bruchzahl grammatikalisch als eine einzige untrennbare Zahl und damit als ein einziger untrennbar zusammengehöriger Ausdruck gesehen und interpretiert wird. {loch}-Bruchzahlen dürfen grammatikalisch wohl kaum als eigenständige Sätze gedacht werden, da uns ansonsten die klingonischen Grammatikregeln um die Ohren fliegen.

Wir werden deshalb {loch}-Brüche im Zähler und Nenner zukünftig und bis auf Weiteres (bis Marc Okrand vielleicht etwas anderes sagt) lediglich mit Einzelzahlen belegen.

Der missverständliche, auf der vorigen Seite genannte Ausdruck

loS loch cha' boq wej

wird von uns deshalb immer als

$$^{2}/_{4} + 3$$

gelesen und interpretiert. {loS loch cha'} hängt als **2/4** fest zusammen und wird als Ganzes zu drei addiert. Das können wir natürlich berechnen:

$$^{2}/_{4} + 3 = {}^{2}/_{4} + {}^{12}/_{4} = {}^{14}/_{4} = {}^{7}/_{2}$$

loS loch cha' boq wej;
chen; loS loch cha' boq loS loch wa'maH cha';
chen loS loch wa'maH loS;
chen cha' loch Soch.

Und auch zwei Bruchzahlen können so addiert werden:

$$\frac{2}{3} + \frac{4}{5} = \frac{10}{15} + \frac{12}{15} = \frac{22}{15}$$

wej loch cha' boq vagh loch loS;
chen; wa'maH vagh loch wa'maH boq wa'maH vagh loch wa'maH cha';
chen wa'maH vagh loch cha'maH cha'.

Oder wir können subtrahieren:

$$\frac{15}{7} - \frac{4}{5} = \frac{75}{35} - \frac{28}{35} = \frac{47}{35}$$

Soch loch wa'maH vagh boqHa' vagh loch loS;
chen; wejmaH vagh loch SochmaH vagh boqHa' wejmaH vagh
loch cha'maH chorgh;
chen wejmaH vagh loch loSmaH Soch.

Oder wir multiplizieren:

$$\frac{15}{7} \cdot \frac{4}{5} = \frac{60}{35} = \frac{12}{7}$$

Soch loch wa'maH vaghlogh boq'egh vagh loch loS;
chen wejmaH vagh loch javmaH;
chen Soch loch wa'maH cha'.

Und dann dividieren wir:

$$\frac{25}{8} : \frac{15}{44} = \frac{25}{8} \cdot \frac{44}{15} = \frac{1100}{120} = \frac{110}{12} = \frac{55}{6}$$

loSmaH loS loch wa'maH vaghlogh boqHa''egh chorgh
loch cha'maH vaghlogh;
chen; chorgh loch cha'maH vaghlogh boq'egh wa'maH vagh
loch loSmaH loS;
chen wa'vatlh cha'maH loch wa'SaD wa'vatlh;
chen wa'maH cha' loch wa'vatlh wa'maH;
chen jav loch vaghmaH vagh;

Das, was die Klingonen hier sprachlich veranstalten, ist im Deutschen ja übrigens genauso. Eine Bruchzahl hängt stärker zusammen als eine Addition oder Subtraktion.

Bei uns Nicht-Klingonen sind deshalb – ganz wie in der klingonischen Mathematik – auch „zwei plus drei Viertel" nicht „fünf Viertel", sondern „acht Viertel plus drei Viertel" und damit „elf Viertel". Die „drei Viertel" binden grammatikalisch und mathematisch unendlich stärker als die „zwei plus drei".

$^{2+3}/_4$ tu'lu'be'. $^{2+3}/_4$ gibt es nicht.

$2 + {}^3/_4 \neq {}^5/_4$ cha' boq loS loch wej; pIm loS loch vagh.

  Drei Viertel vereinigen sich mit zwei; fünf Viertel sind verschieden.

$2 + {}^3/_4 = {}^8/_4 + {}^3/_4 = {}^{11}/_4$ cha' boq loS loch wej;
                          chen; loS loch chorgh boq loS loch wej;
                          chen loS loch wa'maH wa'.

Hintergrund ist hier die unumstößliche terrane mathematische Regel „Punktrechnung geht vor Strichrechnung" – und die Quotientenbildung per Bruchstrich ist eine verkappte Punktrechnung, die mit Hilfe eines Teilungs-Doppelpunkts geschrieben werden kann:

$$^2/_8 = 2 : 8 = 0,125$$

    chorgh loch cha'; **chen**; chorghlogh boqHa''egh cha';
          chen pagh vI' wa' cha' vagh.

Es ist nicht bekannt, ob dieses Punkt-vor-Strichrechnungs-Gesetz auch in der klingonischen Welt gilt. Wir sollten uns nicht darauf verlassen, sondern sicherheitshalber gegebenenfalls missverständliche Gleichungen mit Hilfe einer geeigneten und eindeutigen Klammersetzung klarstellen.

Glücklicherweise folgt aber die Angabe von Einheiten irdischen Erfahrungen. Wir sagen beispielsweise „zwei Drittel Kilogramm" und schreiben das als:

$$^2/_3 \text{ kg}$$

Bei unserer Sprechweise im Deutschen ist irgendwie intuitiv klar, dass damit nicht $^2/_{(3\,\text{kg})}$ gemeint sind, sondern $^{(2\,\text{kg})}/_3$, obwohl die Kilogrammangabe im gesprochenen Deutsch direkt hinter dem Drittel, also hinter der drei, steht und nicht hinter der zwei.

Im Klingonischen haben wir nicht das Problem, uns auf intuitive Gepflogenheiten verlassen zu müssen, denn dort steht die Einheit beim Sprechen automatisch hinter der Zahl des Zählers. Wir sagen dann beispielsweise bei Nutzung der klingonischen Gewischtseinheit „Tscheb", {cheb}:

$$^4/_3 \text{ cheb} = \text{wej loch loS cheb}$$

Die Einheit {cheb} befindet sich direkt hinter dem Zähler-Zahlwort {wej}, so dass das sprachlich eindeutig gefasst ist.

Ein Tscheb {cheb} entspricht übrigens in etwa **2,25** kg, so dass wir die gerade gemachte Gewichtsangabe umrechnen können in:

$$^4/_3 \text{ cheb} = {}^4/_3 \cdot \textbf{2,25 kg} = {}^9/_3 \text{ kg} = \textbf{3 kg}$$

Jetzt benötigen wir nur noch eine erfundene klingonische Bezeichnung für „Kilogramm", bzw {wa'SaD} Gramm, da ein kanonisches, von Marc Okrand abgesegnetes Wort für diese irdische Gewichtseinheit bis jetzt nicht existiert.

Dafür recyclen wir das Wort „Masse", {wa'lay}, das in einem Wortspiel von Marc Okrand im übertragenen Sinn durch „The mass of one kilogram is identical to the mass of 1 Liter: wa' + L (lay)"

https://klingon.wiki/En/PunsBasedOnLetters

erdacht wurde. Dabei bezieht sich {lay} ausdrücklich nicht auf den Namen „Liter", sondern auf den Namen des Buchstabens {l}. Und der „Liter" ist hier in diesem Buch ja ein „Datengift" (siehe Kap. 3).

Also bezeichnen wir ein „Kilogramm" etwas vorlaut und unkanonisch mit „Massengift", um die Abneigung der Klingonen gegenüber irdischen Einheiten zum Ausdruck zu bringen:

	wa'lay tar	–	Gift der Masse
ohne Lücke:	wa'laytar	–	Kilogramm
bzw. ausführlich:	tera' wa'laytar	–	irdisches Kilogramm

Damit übersetzen wir:

$$^4/_3 \text{ cheb} = {}^4/_3 \cdot 2{,}25 \text{ kg} = {}^9/_3 \text{ kg} = 3 \text{ kg}$$

wej loch loS cheb;
chen; wej loch loSlogh boq'egh cha' vI' cha' vagh wa'laytar;
chen wej loch Hut wa'laytar;
chen wej wa'laytar.

Und da die Konstruktion von Parataxen eine gewisse und klingonen-eigene ästhetische Qualität besitzt, hier noch ein weiteres Beispiel mit Einheiten zur Wurzelbildung. Nur handelt es sich eben nicht mehr um eine längenartige Strecke {yamtaw}, sondern um ein massenbehaftetes Gewichtsstück, eine Masse {wa'lay}.

Deshalb verwenden wir hier das Verb

ngI'   –   wiegen, eine Masse aufweisen von

und erhalten dann beispielsweise für

$$\sqrt{\frac{19600}{225} \text{ Tscheb}^2} = {}^{140}/_{15} \text{ Tscheb} = {}^{28}/_3 \text{ Tscheb}$$

$$= {}^{28}/_3 \cdot 2{,}25 \text{ kg} = {}^{63}/_3 \text{ kg} = 21 \text{ kg}$$

cha'vatlh cha'maH vagh loch wa'netlh HutSaD javvatlh cheb meyrI'
ngI' wa'lay meyrI';
'ej vay wa'maH vagh loch wa'vatlh loSmaH cheb ngI' wa'layvam;
chen wej loch cha'maH chorgh cheb;
chen; wej loch cha'maH chorghlogh boq'egh cha' vI' cha' vagh
wa'laytar;
chen wej loch javmaH wej wa'laytar;
chen cha'maH wa' wa'laytar.

Das Quadrat der Masse wiegt neunzehntausend sechshundert
Zweihundertfünfundzwanzigstel Tscheb;
und deshalb wiegt die Masse hundertvierzig Fünfzehntel Tscheb;
achtundzwanzig Drittel Tscheb entstehen;
es entsteht: achtungzwanzig Drittelfach vereinigen sich die zwei
Komma zwei fünf Kilogramm mit sich selbst;
dreiundsechzig Drittel Kilogramm entsteht;
einundzwanzig Kilogramm entsteht.

Und damit ist es wieder an der Zeit, ein paar Übungen zu machen.
Doch dieses Mal sollen nicht nur Bruchzahlen berechnet, sondern
diese sollen auch in Dezimalzahlen umgewandelt werden.

Da ein offizieller, kanonischer Begriff „Dezimalzahl" bis jetzt nicht
existiert, verwenden wir als Bezeichnung für eine Dezimalzahl den
klingonischen Ausdruck {vI' mI'}, also „Zahl des Dezimalpunkts".
Und diese Zahl soll gefunden werden.

Für das Verb „finden" existieren jedoch drei verschiedene klingonische Übersetzungen:

https://klingon.wiki/Word/Nej

nej	–	finden im Sinne von „suchen"
Sam	–	gezielt suchen und finden
tu'	–	etwas mehr oder weniger unabsichtlich finden

Da wir eine gezielte Umrechnung vornehmen, entscheiden wir uns für das Verb {Sam}, das auch einen gewissen Gleichklang zu {SIm} aufweist. Klingonen sind eben immer auch Ästheten.

Im Imperativ lautet dann die entsprechende Aufforderung:

yISam !   –   Suche und finde!
                    Suche und finde es!
                    Sucht und findet es!
peSam !   –   Sucht und findet!

Und für diese Übungen benötigen wir noch das klingonische Zahlwort für den Millionenbereich, der mit Hilfe der Millionennachsilbe {'uy'} konstruiert wird:

EINE MILLION	1 000 000	wa"uy'
ZWEI MILLIONEN	2 000 000	cha"uy'
DREI MILLIONEN	3 000 000	wej'uy'
VIER MILLIONEN	4 000 000	loS'uy'
…	…	…

qaD Qu'mey HutDIch

1) $\frac{5}{7} + \frac{8}{3} = ?$ yISIm 'ej vI' mI' yISam !

2) $\frac{34}{14} - \frac{4}{7} = ?$ yISIm 'ej vI' mI' yISam !

3) $7 \cdot \frac{80}{105}$ Tscheb $= ?$ yISIm 'ej vI' mI' yISam !

4) $\frac{6}{4} \cdot \frac{3}{10} = ?$ yISIm 'ej vI' mI' yISam !

5) $\frac{8}{12} : \frac{5}{6} = ?$ yISIm 'ej vI' mI' yISam !

6) $\sqrt[5]{\dfrac{2476099}{3200000}} = ?$ yISIm 'ej vI' mI' yISam !

7) $\left(-\frac{19}{2}\right)^3$ Lohrcam $= ?$ yISIm 'ej vI' mI' yISam !

79

gher'IDmey HutDIch

1) $^5/_7 + {}^8/_3 = {}^{15}/_{21} + {}^{40}/_{21} = {}^{55}/_{21} \approx 2{,}62$

Soch loch vagh boq wej loch chorgh;
chen; cha'maH wa' loch wa'maH vagh boq cha'maH wa' loch loSmaH;
chen cha'maH wa' loch vaghmaH vagh;
chenlaw' cha' vI' jav cha'.

2) $^{34}/_{14} - {}^4/_7 = {}^{34}/_{14} - {}^8/_{14} = {}^{26}/_{14} = {}^{13}/_7 \approx 1{,}86$

wa'maH loS loch wejmaH loS boqHa' Soch loch loS;
chen; wa'maH loS loch wejmaH loS boqHa' wa'maH loS loch chorgh;
chen wa'maH loS loch cha'maH jav;
chen Soch loch wa'maH wej;
chenlaw' wa' vI' chorgh jav.

3) $7 \cdot {}^{80}/_{105}$ Tscheb $= {}^{560}/_{105}$ Tscheb $= {}^{112}/_{21}$ Tscheb $= {}^{16}/_3$ Tscheb
$$= {}^{16}/_3 \cdot 2{,}25 \text{ kg} = {}^{36}/_3 \text{ kg} = 12 \text{ kg}$$

Sochlogh boq'egh wa'vatlh vagh loch chorghmaH cheb;
chen wa'vatlh vagh loch vaghvatlh javmaH cheb;
chen cha'maH wa' loch wa'vatlh wa'maH cha' cheb;
chen wej loch wa'maH jav cheb;
chen; wej loch wa'maH javlogh boq'egh cha' vI' cha' vagh wa'laytar;
chen wej loch wejmaH jav wa'laytar;
chen wa'maH cha' wa'laytar.

4) $^6/_4 \cdot {}^3/_{10} = {}^{18}/_{40} = {}^9/_{20} = 0{,}45$

loS loch javlogh boq'egh wa'maH loch wej;
chen loSmaH loch wa'maH chorgh;
chen cha'maH loch Hut;
chen pagh vI' loS vagh.

80

5) $^8/_{12} : {}^5/_6 = {}^8/_{12} \cdot {}^6/_5 = {}^{48}/_{60} = {}^{24}/_{30} = {}^{12}/_{15} = {}^4/_5 = 0{,}8$

jav loch vaghlogh boqHa''egh wa'maH cha' loch chorgh;
chen; wa'maH cha' loch chorghlogh boq'egh vagh loch jav;
chen javmaH loch loSmaH chorgh;
chen wejmaH loch cha'maH loS;
chen wa'maH vagh loch wa'maH cha';
chen vagh loch loS;
chen pagh vI' chorgh.

6) $\sqrt[5]{\dfrac{2476099}{3200000}} = \left(\dfrac{2476099}{3200000}\right)^{0{,}2} = {}^{19}/_{20} = 0{,}95$

pagh vI' cha'logh Sep'egh wej'uy' cha'bIp loch cha''uy' loSbIp
Sochnetlh javSaD HutmaH Hut;
chen cha'maH loch wa'maH Hut;
chen pagh vI' Hut vagh.

Natürlich können wir hier auch Nebenrechnungen angeben, die wieder (weil es so schön klingonisch ist) jeweils als Parataxe formuliert werden. Und da wir bis jetzt kein kanonisches Wort für Nenner bzw. Zähler kennen, benennen wir diese grundlegenden Ausdrücke vorläufig mit:

Dung	–	das Gebiet über, das obere Gebiet
bIng	–	das Gebiet unterhalb, das untere Gebiet
Dung mI'	–	Zahl des oberen Gebiets = obere Zahl = Zähler
bIng mI'	–	Zahl des unteren Gebiets = untere Zahl = Nenner

Und das entsprechende Verb lautet:

'aD	–	messen, sich bemessen auf

Der Zähler berechnet sich dann klingonisch durch:

$$\sqrt[5]{2476099} = 19$$

vaghlogh Sep'egh Dung mI'; **chen** cha''uy' loSbIp Sochnetlh javSaD HutmaH Hut; **'ej vay** wa'maH Hut 'aD Dung mI'vam.

Und der Nenner berechnet sich dann klingonisch durch:

$$\sqrt[5]{3200000} = 20$$

vaghlogh Sep'egh bIng mI'; **chen** wej'uy' cha'bIp;
'ej vay cha'maH 'aD bIng mI'vam.

7) $$\left(-\,^{19}/_2\right)^3 \text{Lohrcam} = (-\,9{,}5)^3 \text{Lohrcam} = -\,9{,}5^3 \text{Lohrcam}$$
$$= -\,857{,}375 \text{ Lohrcam}$$

wejlogh Sep'egh cha' loch wa'maH Hut Dop DoD loghqam;
chen; wejlogh Sep'egh Hut vI' vagh Dop DoD loghqam;
chen; wejlogh Sep'egh Hut vI' vagh DoD Dop loghqam;
chen chorghvatlh vaghmaH Soch vI' wej Soch vagh Dop
loghqam.

Man beachte den heiklen sprachlichen und mathematischen
Unterschied zwischen Zeile zwei {… Dop DoD …} und Zeile
drei {… DoD Dop …} zur Unterscheidung von

$$(-\,9{,}5)^3 \quad \text{und} \quad -\left(9{,}5^3\right) = -\,9{,}5^3$$

Und wir haben es hier mit einer Längenberechnung zu tun. Just
for fun hier noch die ganz andere Volumenberechnung, nach
der in der Aufgabenstellung nicht gefragt wurde:

$$\left(-\,^{19}/_2 \text{ Lohrcam}\right)^3 = (-\,9{,}5 \text{ Lohrcam})^3 = -\,9{,}5^3 \text{ Lohrcam}^3$$
$$= -\,857{,}375 \text{ Lohrcam}^3$$

wejlogh Sep'egh cha' loch wa'maH Hut Dop loghqam;
chen; wejlogh Sep'egh Hut vI' vagh Dop loghqam;
chen; wejlogh Sep'egh Hut vI' vagh DoD Dop loghqam buq'Ir;
chen chorghvatlh vaghmaH Soch vI' wej Soch vagh Dop
loghqam buq'Ir.

10.   Prozentangaben: vatlhvI' – Hundertpunkt

Abgeleitet aus

wa'vatlh vI'   –   einhundert Dezimalpunkte

werden Prozentangaben mit Hilfe des Wortes

vatlhvI'   –   Prozent

gebildet. {vatlh} hat also nicht nur eine grammatikalische Einordnung als Hunderter-Nachsilbe {-vatlh}, sondern auch eine gewisse Existenzberechtigung als eigenständiges Substantiv, ganz ähnlich wie das bei der Zahlbezeichnung „hundert" im Vergleich zu „einhundert" bei uns im Deutschen so ist.

Aus kanonischen Beispielen wie

javmaH vatlhvI' DIch

sechzig Prozent Gewissheit
= sechzigprozentige Wahrscheinlichkeit

oder

cha'maHvagh vatlhvI' Hong

fünfundzwanzig Prozent Impulskraft

lernen wir, dass die Prozentangaben immer vor dem betrachteten Substantiv stehen.

> Nebenbemerkung: Manche Fluiddynamiker verwenden das physikalisch seltsame Wort „Impulskraft", {Hong} tatsächlich:
>
> www.hawe.com/de-de/fluidlexikon/impulskraft
>
> Es ist dann aber nicht die wirre Größe „Impuls mal Kraft", also die „Hälfte der zeitlichen Änderung des Impulsquadrats"

$$p \, F = p \, \frac{d}{dt} \, p = \frac{1}{2} \, \frac{d}{dt} \, (p^2)$$

gemeint, sondern eine ganz konventionelle Kraft,

$$F = \frac{d}{dt} \, p$$

die aufgrund einer Impulsänderung entsteht (oder die diese Impulsänderung verursacht).

Jetzt addieren wir zwei Prozentsätze:

10 % + 20 % = 30 %

wa'maH vatlhvI' boq cha'maH vatlhvI'; **chen** wejmaH vatlhvI'.

Aber natürlich können wir jede Prozentzahl auch in eine Dezimalzahl umwandeln. Dazu verwenden wir entweder die klingonische Aufforderung {vI' mI' yISam !} wie im vorigen Kapitel oder wir transformieren einfach und sagen:

ghe'	–	umgewandelt sein, transformiert sein
ghe'moH	–	umwandeln, transformieren
yIghe'moH !	–	Transformiere! Forme um!
		Transformiere es! Forme es um!
		Transformiert es! Formt es um!
peghe'moH !	–	Transformiert! Formt um!
naQ	–	vollständig sein, ganz sein / er ist vollständig

Dann erhalten wir die vollständige Umrechnung {choH naQ} bzw. Transformation {ghe' naQ}. Der große Marc Okrand spielt ja oft mit Wortlücken, und da im Klingonen-Wiki bzw. im Klingonischen Wörterbuch kein klingonisches Wort für Transformation zu finden ist, missbrauchen wir hier das klingonische Wort für „Oper", indem wir eine unkanonische Lücke einfügen:

ghe'. naQ.	–	Er ist umgewandelt. Er ist vollständig.
ghe'naQ	–	Oper
ghe' naQ	–	(nicht-kanonische) Transformation

Eine Oper ist ja auch nichts anderes als ein normales Theaterstück, das vollständig in eine Gesangsvorführung transformiert wurde.

Also:

$$10 \% + 20 \% = 30 \% = 0{,}30$$

wa'maH vatlhvI' boq cha'maH vatlhvI'; **chen** wejmaH vatlhvI';
chen pagh vI' wej pagh.

Jetzt subtrahieren wir zwei Prozentsätze:

$$65 \% - 17 \% = 48 \% = 0{,}48$$

javmaH vagh vatlhvI' boqHa' wa'maH Soch vatlhvI';
chen loSmaH chorgh vatlhvI';
chen pagh vI' loS chorgh.

Und jetzt multiplizieren wir einen Prozentsatz mit einer Zahl …

$$7 \cdot 9 \% = 63 \% = 0{,}63$$

Sochlogh boq'egh Hut vatlhvI'; **chen** javmaH wej vatlhvI';
chen pagh vI' jav wej.

… und einen Prozentsatz mit einem Prozentsatz:

$$8 \% \cdot 9 \% = 0{,}08 \cdot 9 \% = 0{,}72 \% = 0{,}0072$$

chorghlogh vatlhvI' boq'egh Hut vatlhvI';
chen; pagh vI' pagh chorghlogh boq'egh Hut vatlhvI';
chen pagh vI' Soch cha' vatlhvI';
chen pagh vI' pagh pagh Soch cha'.

Da nicht klar ist, ob {chorgh vatlhvI'logh} grammatikalisch erlaubt ist, verwenden wir hier sicherheitshalber {chorghlogh vatlhvI'}. Bei der Division durch Prozentzahlen machen wir das dann wieder genauso. Denn jetzt dividieren wir.

$$12\ \% : 3 = 4\ \% = 0{,}04$$

wejlogh boqHa"egh wa'maH cha' vatlhvI'; **chen** loS vatlhvI';
chen pagh vI' pagh loS.

Nur ganz, ganz selten dividieren wir auch Prozentzahlen durch Prozentzahlen und das funktioniert so:

$$21\ \% : 5\ \% = 21\ \% : 0{,}05 = 420\ \% = 4{,}20$$

vaghlogh vatlhvI' boqHa"egh cha'maH wa' vatlhvI';
chen; pagh vI' pagh vaghlogh boqHa"egh cha'maH wa' vatlhvI';
chen loSvatlh cha'maH vatlhvI';
chen loS vI' cha' pagh.

Eigentlich könnten wir jetzt gleich mit den Übungen anfangen, wenn der Autor dieses Buches nicht dauernd so vorlaut wäre und irgendwie das Gefühl nicht los wird, das dies alles hochgradig inkonsistent ist.

Warum um alles in der Welt sollten Klingonen mit Hilfe der Prozentzahlen Hunderterbruchteile berechnen wollen? Warum nur? Klingonen wissen doch, dass die Welt immer und überall auf Dreierpotenzen aufbaut:

$$1\ \text{law chu'} = 1\ \text{lawrI'} = 3^0\ \text{lawrI'}$$
$$1\ \text{'uj'a'}^2 = 3\ \text{morgh} = 3^1\ \text{morgh}$$
$$1\ \text{'uj'a'} = 9\ \text{'uj} = 3^2\ \text{'uj}$$
$$1\ \text{morgh} = 27\ \text{'uj}^2 = 3^3\ \text{'uj meyrI'}$$
$$1\ \text{'uj'a'}^2 = 81\ \text{'uj}^2 = 3^4\ \text{'uj meyrI'}$$
$$1\ \text{gho naQ} = 243\ \text{law} = 3^5\ \text{law}$$
$$1\ \text{mun'a'} = 729\ \text{morgh} = 3^6\ \text{morgh}$$
$$1\ \text{'uj}^6 = 2187\ \text{tlho'ren}^2 = 3^7\ \text{tlho'ren meyrI'}$$

PS: {law}, {lawrI'} und {law chu'} lernen wir im folgenden Kapitel als Winkeleinheiten kennen.

Also werden vernünftige Klingonen vielleicht 81er-Bruchteile oder 243er-Bruchteile verwenden, nie im Leben aber Prozente, denn der Begriff „Prozent" bzw. „Prohundert" basiert auf unangenehm giftigen menschlichen Zehnerpotenzen.

Just for fun erfinden und berechnen wir also:

chorghmaH wa' vI'	–	**81** Dezimalpunkte
→ chorghmaHwa'vI'	–	Proeinunachtzig
cha'vatlh loSmaH wej vI'	–	**243** Dezimalpunkte
→ cha'vatlhloSmaHwejvI'	–	Prozweihundertdreiundvierzig

Mathematisch ist das eine einfache Bruchbeziehung,

$$1 \text{ chorghmaHwa'vI'} = \frac{1}{81}$$

$$1 \text{ cha'vatlhloSmaHwejvI'} = \frac{1}{243}$$

mit der wir dann rechnen können. Dazu verwenden wir die weitere klingonische Gewichts- bzw. Masseneinheit „Tschebha", {cheb'a'}:

$$1 \text{ cheb'a'} = 9 \text{ cheb} = 20{,}25 \text{ wa'laytar}$$

Ich kann dann beispielsweise **4** Proeinundachtzig eines Teschbha Kartoffeln und **8** Proeinundachtzig eines Tschebha Zwiebeln und **30** Prozweihundertdreiundvierzig eines Tschebha Möhren kaufen, um klingonischen Eintopf {tlhIq} zu kochen.

qe'rot 'oQqar	–	Möhre, Karrotte, Gelbe Rübe
'anyan 'oQqar	–	Zwiebel

Das ergibt dann:

$$4 \text{ Proeinundachtzig Teschbha Kartoffeln}$$
$$= \frac{4}{81} \text{ Tscheba Kartoffeln} = \frac{4}{81} \cdot 20{,}25 \text{ kg Kartoffeln}$$
$$= \frac{81}{81} \text{ kg Kartoffeln} = 1 \text{ kg Kartoffeln}$$

loS chorghmaHwa'vI' cheb'a' patat 'oQqar tu'lu';
chen chorghmaH wa' loch loS cheb'a' patat 'oQqar;
chen; chorghmaH wa' loch loSlogh boq'egh cha'maH vI' cha' vagh
wa'laytar patat 'oQqar;
chen chorghmaH wa' loch chorghmaH wa' wa'laytar patat 'oQqar;
chen wa' wa'laytar patat 'oQqar;

Die Proeinundachtzig-Angabe {chorghmaHwa'vI'} unterscheidet sich von der Zahl **81,0** {chorghmaH wa' vI' pagh} beim Sprechen nicht unbedingt durch eine genaue Aussprache der Wortlücken, die schwierig ist. Sondern sie unterscheidet sich dadurch, dass bei der Dezimalzahl hinter dem Dezimalkomma {vI'} zwingend noch eine weitere Zahl folgt, während bei der Proeinundachtzig-Angabe hinter dem {-vI'} keine weitere Zahl stehen darf.

Das üben wir noch einmal mit den Zwiebeln:

8 Proeinundachtzig Teschbha Zwiebeln
$= {}^{8}/_{81}$ Tscheba Zwiebeln $= {}^{8}/_{81} \cdot$ **20,25** kg Zwiebeln
$= {}^{162}/_{81}$ kg Zwiebeln $=$ **2** kg Zwiebeln

chorgh chorghmaHwa'vI' cheb'a' 'anyan 'oQqar tu'lu';
chen chorghmaH wa' loch chorgh cheb'a' 'anyan 'oQqar;
chen; chorghmaH wa' loch chorghlogh boq'egh cha'maH vI' cha' vagh
wa'laytar 'anyan 'oQqar;
chen chorghmaH wa' loch wa'vatlh javmaH cha'
wa'laytar 'anyan 'oQqar;
chen cha' wa'laytar 'anyan 'oQqar;

Und natürlich benötigen wir auch noch Möhren (und ein gutes klingonisches Kochbuch):

30 Prozweihundertdreiundvierzig Teschbha Möhren
$= {}^{30}/_{243}$ Tscheba Möhren $= {}^{30}/_{243} \cdot$ **20,25** kg Möhren
$= {}^{607,5}/_{243}$ kg Möhren $=$ **2,5** kg Möhren

wejmaH cha'vatlhloSmaHwejvI' cheb'a' qe'rot 'oQqar tu'lu';
chen cha'vatlh loSmaH wej loch wejmaH cheb'a' qe'rot 'oQqar;
chen; cha'vatlh loSmaH wej loch wejmaHlogh boq'egh
cha'maH vI' cha' vagh wa'laytar qe'rot 'oQqar;
chen cha'vatlh loSmaH wej loch javvatlh Soch vI' vagh
wa'laytar qe'rot 'oQqar;
chen cha' vI' vagh wa'laytar qe'rot 'oQqar;

Guten Appetit! Mögest Du Dein Essen genießen! {Sojḷj DatIvjaj !}
Und mögest Du dieses Gericht genießen! {'ej nay'vam DatIvjaj !}

qaD Qu'mey wa'maHDIch

1) **37 % + 61 % = ?** yISIm 'ej yIghe'moH !

2) **52 % − 18 % = ?** yISIm 'ej yIghe'moH !

3) **17 · 5 % = ?** yISIm 'ej yIghe'moH !

4) **68% · 156% = ?** yISIm 'ej yIghe'moH !

5) **84% : 4 = ?** yISIm 'ej yIghe'moH !

6) **40 %** eines Tscheb Zwiebeln **= ?** yISIm 'ej yIghe'moH !

gher'IDmey wa'maHDIch

1) **37 % ⊦ 61 % = 98 % = 0,98**

wejmaH Soch vatlhvI' boq javmaH wa' vatlhvI';
chen HutmaH chorgh vatlhvI';
chen pagh vI' Hut chorgh.

2) **52 % − 18 % = 34 % = 0,34**

vaghmaH cha' vatlhvI' boqHa' wa'maH chorgh vatlhvI';
chen wejmaH loS vatlhvI';
chen pagh vI' wej loS.

3)　　**17 · 5 % = 85 % = 0,85**

wa'maH Sochlogh boq'egh vagh vatlhvI';
chen chorghmaH vagh vatlhvI';
chen pagh vI' chorgh vagh.

4)　　**68 % · 16 % = 0,68 · 16 % = 10,88 % = 0,1088**

javmaH chorghlogh vatlhvI' boq'egh wa'maH jav vatlhvI';
chen; pagh vI' jav chorghlogh boq'egh wa'maH jav vatlhvI';
chen wa'maH vI' chorgh chorgh vatlhvI';
chen pagh vI' wa' pagh chorgh chorgh.

5)　　**84 % : 4 = 21 % = 0,21**

loSlogh boqHa''egh chorghmaH loS vatlhvI';
chen cha'maH wa' vatlhvI';
chen pagh vI' cha' wa'.

6)　　**40 % Tscheb Zwiebeln = $^{40}/_{100}$ Tscheb Zwiebeln**
　　= $^{40}/_{100}$ · 2,25 kg Zwiebeln = $^{90}/_{100}$ kg Zwiebeln
　　= 0,9 kg Zwiebeln

loSmaH vatlhvI' cheb 'anyan 'oQqar tu'lu';
chen wa'vatlh loch loSmaH cheb 'anyan 'oQqar;
chen; wa'vatlh loch loSmaHlogh boq'egh cha' vI' cha' vagh
wa'laytar 'anyan 'oQqar;
chen wa'vatlh loch HutmaH wa'laytar 'anyan 'oQqar;
chen pagh vI' Hut wa'laytar 'anyan 'oQqar.

11. Sinus und Kosinus: HuDngech – Berg und Tal

Klingonen benötigen die Sinus- und Kosinusfunktionen nicht. Sie haben nicht einmal einen eigenen Namen für die Kosinusfunktion. Stattdessen verwenden sie äußere und innere Produkte.

Aber wir sind Menschen, fehlbare Menschen. Deshalb sollten wir uns auch auf Klingonisch so unterhalten können, wie wir dies als fehlbare Menschen mit Hilfe der Sinus- und Kosinusfunktionen nun mal in unserer irdischen Mathematik so tun.

Und deshalb haben die Klingonen (und Marc Okrand) um des lieben Friedens willen auch ein Wort für den Sinus erfunden:

HuD	–	Berg, Hügel
ngech	–	Tal
HuD ngech	–	Tal des Bergs
$\Rightarrow$ HuDngech	–	Sinus, Sinusfunktion

Mathematisch können wir dies kriegerisch mit einem Dolch fuchtelnd bei der Winkelmessung anwenden:

taj	–	Messer, Dolch
vaj	–	Krieger, Kriegertum
taj vaj	–	Krieger(tum) des Messer
$\Rightarrow$ tajvaj	–	Winkel
law	–	alte klingonische Gradeinheit: „alte Lau"
law chu' = lawrI'	–	neue klingonische Gradeinheit: „neue Lau"
naQ	–	vollständig sein, ganz sein / er ist vollständig
ghaj	–	haben, besitzen / er besitzt

https://klingon.wiki/Word/Law

Dabei gilt:

cha'vatlh loSmaH wej law tajvaj ghaj gho naQ.

Ein vollständiger Kreis besitzt einen Winkel von **243** alten Lau.

91

$$3^5 \text{ alte Lau} = 243 \text{ alte Lau}$$

vaghlogh Sep'egh wej DoD law; **chen** cha'vatlh loSmaH wej law.

Und es gilt wie auf der Erde:

Ein vollständiger Kreis besitzt einen Winkel von **360** neuen Lau.

wejvatlh javmaH law chu' tajvaj ghaj gho naQ.

Die Umrechnung erfolgt somit über die Beziehung:

$$360 \text{ neue Lau} = 243 \text{ alte Lau}$$

$$1 \text{ neue Lau} = {}^{243}/_{360} \text{ alte Lau} = 0{,}675 \text{ alte Lau}$$

wejvatlh javmaH law chu' tu'lu'; **chen** cha'vatlh loSmaH wej law;
'ej vay wa' law chu' tu'lu';
chen wejvatlh javmaH loch cha'vatlh loSmaH wej law;
chen pagh vI' jav Soch vagh law.

Allerdings bietet das Rechnen in Bogenmaß bzw. Radiant [rad]

https://de.wikipedia.org/wiki/Radiant_(Einheit)

auf der Erde auch einige gewisse mathematische Vorteile.

Da eine klingonische Bezeichnung für „Radiant" bis jetzt noch nicht existiert, beschreiben wir dieses Konzept durch Prozentteile eines Vollkreises:

vollständiger Winkel eines Kreises
= **100 %**-iger Winkel des Kreises = **360** neue Lau = **360°**

gho tajvaj naQ tu'lu';
chen wa'vatlh vatlhvI' gho tajvaj;
chen wejvatlh javmaH law chu'; **chen** wejvatlh javmaH lawrI'.

halber Winkel eines Kreises
= **50 %**-iger Winkel des Kreises = **180** neue Lau = **180°**

92

gho tajvaj bID tu'lu';
chen vaghmaH vatlhvI' gho tajvaj;
chen wa'vatlh chorghmaH law chu'; **chen** wa'vatlh chorghmaH lawrI'.

Der rechte Winkel entspricht dem Eckwinkel eines Quadrats. Um missverständliche Formulierungen zu umgehen, wählen wir für den geometrischen Begriff „Eckwinkel" nicht {tajvaj tajvaj}, sondern:

tajvaj	–	1. Winkel (Das wissen wir bereits…)
		2. Ecke eines Raums (Doppelbedeutung!)
leD	–	rechtwinklig sein, senkrecht zu etwas stehen
$\Rightarrow$ tajvaj leD	–	rechter Winkel
po'oH	–	Straßenecke, Ecke eines Stücks Papier
$\Rightarrow$ po'oH tajvaj	–	Winkel der Ecke = Eckwinkel
mey'	–	Polygon, Vieleck
reD	–	1. Außenwand
		2. (geometrische) Seite
loS reD mey'	–	Viereck
HoS	–	1. stark sein
		2. (geometrisch) regelmäßig sein
loS reD mey' HoS	–	gleichseitiges Viereck = Raute
let	–	hart (wie ein Stein sein) / es ist hart
baQ	–	frisch sein (Obst, das gerade gepflückt
		wurde) / es ist frisch
let. baQ	–	Es ist hart. Es ist frisch (geerntet).
$\Rightarrow$ letbaQ	–	Rechteck
letbaQ HoS	–	gleichseitiges Rechteck = Quadrat – meyrI'

Nach diesem Ausflug in die Geometrie formulieren wir:

rechter Winkel = Viertelwinkel eines Kreises
= **25 %**-iger Winkel des Kreises = **90** neue Lau = **90°**

tajvaj leD tu'lu'; **chen** gho tajvaj bID bID;
chen cha'maH vagh vatlhvI' gho tajvaj;
chen HutmaH law chu'; **chen** HutmaH lawrI'.

Eigenartigerweise ist das gleichseitige Dreieck bei den Klingonen nicht stark, sondern alt bzw. altertümlich:

ra'Duch	–	Dreieck
ra'Duch tIQ	–	gleichseitiges Dreieck,
ra'Duch HoS	–	(gleichseitiges Dreieck) würde man auch verstehen, wird aber nicht gebraucht.

Eckwinkel eines gleichseitigen Dreiecks
$$= {}^{50}/_3\text{-prozentiger Winkel des Kreises} = \mathbf{60}\text{ neue Lau} = \mathbf{60°}$$

ra'Duch tIQ po'oH tajvaj tu'lu';
chen wej loch vaghmaH vatlhvI' gho tajvaj;
chen javmaH law chu'; **chen** javmaH lawrI'.

halber rechter Winkel = Achtelwinkel eines Kreises
$$= \mathbf{12{,}5\text{ \%}}\text{-iger Winkel des Kreises} = \mathbf{45}\text{ neue Lau} = \mathbf{45°}$$

tajvaj leD bID tu'lu'; **chen** gho tajvaj bID bID bID;
chen wa'maH cha' vI' vagh vatlhvI' gho tajvaj;
chen loSmaH vagh law chu'; **chen** loSmaH vagh lawrI'.

Ein Zehntel des Winkels eines Vollkreises
$$= \mathbf{10\text{ \%}}\text{-iger Winkel des Kreises} = \mathbf{36}\text{ neue Lau} = \mathbf{36°}$$

wa'maH loch wa' gho tajvaj naQ tu'lu';
chen wa'maH vatlhvI' gho tajvaj;
chen wejmaH jav law chu'; **chen** wejmaH jav lawrI'.

In den gerade besprochenen Umrechnungen ist absichtlich nicht von „Einheitskreis" die Rede, sondern immer nur allgemein von „Kreis". Der Grund ist simpel, hat aber höchste philosophische Implikationen.

Wir wissen schlichtweg nicht, wie Klingonen einen „Einheitskreis" definieren. Ist ein Einheitskreis ein Kreis mit einem Einheitsradius von r = **1**, einem Umfang U von $2\,\pi$ und einer Fläche A von π wie bei uns Terranern?

$$r_{Human} = \mathbf{1} \qquad U_{Human} = \mathbf{2\,\pi} \qquad A_{Human} = \pi$$

Oder besitzt ein klingonischer Einheitskreis einen Umfang von eins?

$$r_{Human\,'en} = \frac{\mathbf{1}}{\mathbf{2\,\pi}} \qquad U_{Human\,'en} = \mathbf{1} \qquad A_{Human\,'en} = \frac{\mathbf{1}}{\mathbf{4\,\pi}}$$

Oder ist ein Einheitskreis ein Kreis mit einer Einheitsfläche?

$$r_{nov} = \frac{\mathbf{1}}{\sqrt{\pi}} \qquad U_{nov} = \mathbf{2}\,\sqrt{\pi} \qquad A_{nov} = \mathbf{1}$$

Wir wissen es nicht. Auch hier hätte Marc Okrand das letzte Wort – wenn er denn sprechen würde. Aber er spricht nicht, denn die Sache ist natürlich philosophisch äußerst heikel, ist doch der Umfang in unserer menschlichen Kultur über das Bogenmaß untrennbar mit der Winkelmessung verknüpft. Aber das muss bei nicht-menschlichen Zivilisationen {Humanpu' 'en nughmey} nicht unbedingt so sein.

Definiert man jedoch den Kosinus als die x-Komponente und den Sinus als die y-Komponente eines Zeigers im Einheitskreis,

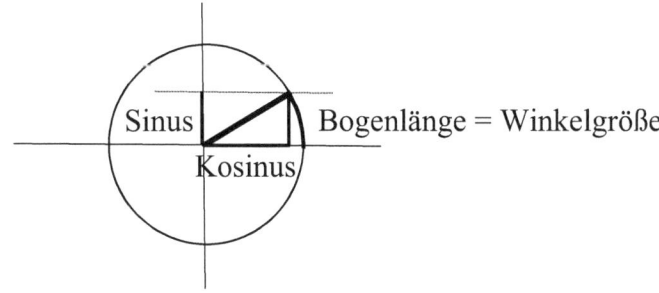

erhält man verschiedene trigonometrische Werte. Beispielsweise ergeben sich für einen Winkel von $\alpha = \mathbf{30°}$, also der Bogenlänge eines Zwölftels des Einheitskreises, drei verschiedene Angaben:

Sinus = menschlicher Sinus {Human HuDngech}:

$$\sin \frac{\pi}{6} = \frac{1}{2} \qquad \cos \frac{\pi}{6} = \frac{1}{2} \sqrt{3}$$

Der Scheitelwert der Sinusfunktion liegt dann bei

$$\sin \frac{\pi}{2} = 1 \qquad \cos \frac{\pi}{2} = 0$$

Probe: $\qquad 1^2 + 0^2 = 0{,}5^2 + \left(0{,}5 \sqrt{3}\right)^2 = 1$

Senus = nicht-menschlicher Sinus {Human 'en HuDngech}:

$$\operatorname{sen} \frac{1}{12} = \frac{1}{4\pi} \qquad \operatorname{cosen} \frac{1}{12} = \frac{1}{4\pi} \sqrt{3}$$

Der Scheitelwert der Senusfunktion liegt dann bei

$$\operatorname{sen} \frac{1}{4} = \frac{1}{2\pi} \qquad \operatorname{cosen} \frac{1}{4} = 0$$

Probe: $0{,}25/\pi^2 + 0^2 = 0{,}0625/\pi^2 + 0{,}1875/\pi^2 = 0{,}25/\pi^2$

Sunus = außerirdischer Sinus {nov HuDngech}:

$$\operatorname{sun} \frac{\sqrt{\pi}}{6} = \frac{1}{2\sqrt{\pi}} \qquad \operatorname{cosun} \frac{\sqrt{\pi}}{6} = \frac{1}{2}\sqrt{\frac{3}{\pi}}$$

Der Scheitelwert der Sunusfunktion liegt dann bei

$$\operatorname{sun} \frac{\sqrt{\pi}}{2} = \frac{1}{\sqrt{\pi}} \qquad \operatorname{cosun} \frac{\sqrt{\pi}}{2} = 0$$

Probe: $1/\pi + 0^2 = 0{,}25/\pi + 0{,}75/\pi = 1/\pi$

Der trigonometrische Pythagoras sieht dann in jeder Darstellung etwas anders aus. Und das ist nicht alles. Wir Menschen suchen nach der Schönheit, denn Schönheit ist Wahrheit. Das erzählen Mathematikerinnen und Mathematiker immer wieder.

Sehr dumm wird das nur, wenn sich die Schönheit nicht als äußere, naturgegebene Schönheit herausstellt, sondern als Schönheit, die wir

Menschen irgendwo und irgendwie hineinerfunden haben. Und das scheint uns Menschen tatsächlich passiert zu sein.

So bezeichnet der große Feynman, eleganter Nobelpreisträger und genialer Wirbelwind unter den terrestrischen Physikern in seinen Feynman-Lectures

www.feynmanlectures.caltech.edu/I_22.html

die Formel

$$e^{i\Theta} = \cos \Theta + i \sin \Theta$$

als „our jewel", unser menschliches Juwel, und dies sei „the most remarkable formula in mathematics", die aller-bemerkenswerteste Formel in der ganzen Mathematik.

Nutzen wir oder die Klingonen oder andere Außerirdische dagegen Senus oder Sunus aufgrund einer alternativen Definition des Einheitskreises, so sieht diese Formel bei Weitem nicht mehr so schön, so elegant, so bemerkenswert aus.

Die traurige Schlussfolgerung ist: Diese Formel ist nicht deshalb schön, weil sie die Schönheit der Natur widerspiegelt. Nein, die Formel ist schön, weil wir uns die Schönheit hingemogelt und hindefiniert haben.

Kein Klingone kommt schließlich auf die Idee, irgendetwas Orthogonales in der Mathematik als schön zu bezeichnen! Kein Klingone rechnet mit senkrecht stehenden Basisvektoren.

Stattdessen rechnen Klingonen mit schräg stehenden Vektoren in {chan}, {tIng} und {'ev}-Richtung:

https://klingon.wiki/De/Geographie

Diese Tschann-, Ting- und Ehv-Richtungen verkörpern aus klingoni-

97

scher Sicht die wahre, tiefere, universelle Schönheit. Unsere menschlichen x- und y-Richtungen dagegen sind ein profan-banaler Ausdruck irdischer Ignoranz, die sich ins Reduktionistische verliert.

Die Sinus- und Konsiunsfunktionen sind nicht schön. Sie wurden nur halbwegs nützlich hingebogen. Sie sind Auswurf einer trivial heruntergewirtschafteten Ästhetik, die das Wesentliche verkennt.

Feynman irrt!

Aber es wandeln auch klingonische Geister unter uns irdischen Ignoranten. David Hestenes, Garret Sobczyk und natürlich der große, unsterbliche Hermann Grassmann sind solche Helden des mathematischen Klingonentums, denn die Sinus- und Kosinusfunktionen werden in der klingonischen Mathematik nicht benötigt.

Stattdessen verwenden Klingonen innere und äußere Produkte: „I remember my sense of amazement when he (David Hestenes) wrote down the basic identity for the geometric multiplication of vectors … this striking product …" schreibt Sobczyk in

> Garret Sobczyk: David Hestenes: The Early Years. Foundations of Physics, Vol. 23, No. 10 (1993), S. 1291 – 1293.

Und mit diesem „striking product", diesem eindrucksvollem, erstaunlichen klingonischen Produkt

$$\mathbf{a}\,\mathbf{b} = \mathbf{a} \bullet \mathbf{b} + \mathbf{a} \wedge \mathbf{b}$$

kommt die tatsächliche Schönheit der klingonischen Mathematik ans Licht. Die terrane Sinusfunktion ist nur ein müder, blasser Abklatsch, eine deformierte, verzerrte Konsequenz des äußeren Produkts $\mathbf{a} \wedge \mathbf{b}$. Und die terrane Kosinusfunktion ist nur eine farblose, unscheinbar triste Konsequenz des inneren Produkts $\mathbf{a} \bullet \mathbf{b}$.

Wir benötigen die Sinus- und Kosinusfunktionen nicht. Wir benötigen nur innere und äußere Produkte. Die Addition eines inneren und eines äußeren Produkts zu einem einzigen Gesamtprodukt, zum ersten Mal von Hermann Grassman erdacht, bietet absolute Schönheit, weltläufige Eleganz und eine unzerstörbare, universelle Ästhetik in der Mathematik.

Feynman irrt und Marc Okrand hat es erkannt – ohne es wirklich erkennen zu können. Ganz tief unten im Unterbewusstsein, versteckt hinter tausenden von linguistischen Spitzfindigkeiten, versteckt hinter monströsen Star-Trek-Filmen voller Grausamkeiten, dort, ganz tief vergraben im Gehirn von Marc Okrand, dort liegt die kraftvolle, die klingonische Mathematik verborgen, die Marc Okrand ohne es selbst zu denken, erdacht hat.

Doch wie formulieren wir einen Ausdruck wie beispielsweise

$$\sin(30°) = 0{,}5$$

sprachlich? Dazu gibt es im von Marc Okrand formulierten Kanon bis jetzt keine Angaben. Wie also betrachten Klingonen die Sinusfunktion, wenn sie von „Tal des Bergs" sprechen? Schwer zu sagen.

Aber wir wissen, dass die Sinusfunktion proportional zur Breite des Schattens eines sich im Kreis drehenden Zeigers ist, wenn der Kreis bei Sonnenaufgang, also von links, von der Sonne beschienen wird.

„Der Sinus eincs Winkcls = 0,5" cntspricht dann der Aussage:

Der Schatten des Zeigers im Kreis entspricht dem
0,5-fachen des Kreisradius.
Der Schatten des Zeigers ist 0,5 mal so groß wie der Kreisradius.

Das wird in der Skizze auf der folgenden Seite gezeigt.

Und da von Marc Okrand bisher kein offizielles klingonisches Wort für „Radius" bekannt gegeben wurde, formulieren wir um:

Der Schatten des Zeigers im Kreis entspricht dem
0,5-fachen der Zeigerlänge.
Der Schatten des Zeigers ist **0,5** mal so groß wie der Zeiger.

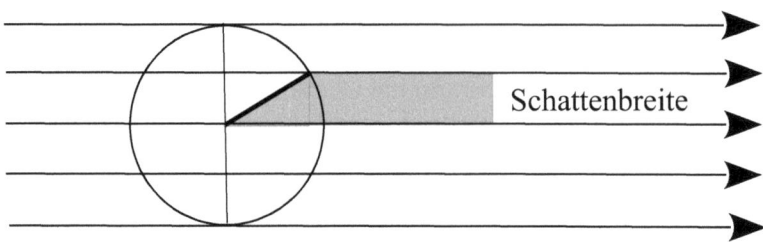

Aber auch für „Zeiger", englisch „pointer" bzw. „hands" (bei Uhrzeigern) gibt es keine offizielle klingonische Übersetzung. Eine halboffizielle Übersetzung findet sich in

https://klingon.wiki/En/LocalisationSuggestions

als:

puSwI'   –   Computerpointer

Das ist aber kein materieller Zeiger, sondern diese blinkende Ding auf dem Computerbildschirm, das mit Hilfe des klingonischen Verbs.

puS   –   sichten, anvisieren

gebildet wurde und somit eher ein „Anvisierer" oder „Sichter" ist. Im deutschen basiert das Wort „Zeiger" auf dem Verben

'ang   –   zeigen, enthüllen
'agh   –   zeigen, demonstrieren
ghas   –   anzeigen, signalisieren

Da ein Uhrzeiger die Uhrzeit anzeigt, ist das substantivierte Wort

ghaswI'   –   Anzeiger = Zeiger

eine vielleicht geeignete Wahl für den rotierenden Zeiger im Kreis.

Außerdem benötigen wir die folgenden Vokabeln:

QIb	–	Schatten
juch	–	eine Breite haben von / er hat eine Breite von
jul	–	Sonne
po	–	Morgen

Und für den Kosinus benötigen wir später dann auch noch:

DungluQ	–	Mittag (genau 12:00 h)
pemjep	–	Mittag (eine Zeit in der Nähe von 12:00 h)

Damit erhalten wir:

> po ghoDaq pagh vI' vagh ghaSwI' juch ghaSwI' QIb.

> Morgens hat der Schatten des Zeigers eine Breite von
> **0,5** Zeigern im Kreis.

Das Wort „Sinus", {HuDngech} ersetzt somit bedeutungsmäßig den Begriff „der Schatten des Zeigers", {ghaSwI' QIb}:

> po ghoDaq pagh vI' vagh ghaSwI' juch HuDngech.

> Morgens hat der Sinus eine Breite von
> **0,5** Zeigern im Kreis.

Das verkürzen wir im Sinne unseres profan-banalen Ausdrucks irdischer Ignoranz, die sich ins Reduktionistische verliert, zu:

> po pagh vI' vagh juch HuDngech.

> Morgens hat der Sinus eine Breite von **0,5**.

Diese Aussage ist natürlich mathematisch unvollständig, denn wir wollen ja nicht „Sinus = **0,5**" sagen, sondern „sin (**30°**) = **0,5**". Deshalb ergänzen wir unseren Satz zu:

> po pagh vI' vagh juch wejmaH lawrI' tajvaj HuDngech.

> Morgens hat der Sinus des Winkels von **30°** eine Breite von **0,5**.

101

Auch hier wird wieder deutlich: Klingonisch ist in seiner grammatikalischen Grundstruktur nichts anderes als rückwärts gesprochenes Deutsch:

po pagh vI' vagh juch wejmaH lawrI' tajvaj HuDngech.

morgen am **0,5** von Breite eine hat **30°** von Winkels des Sinus Der

Um aber zu verschleiern, dass dies alles nur eine modifizierte Erfindung grammatikliebender Germanen ist, und um alles recht außerirdisch aussehen zu lassen, bieten wir für die Mathematikfreaks unter den Klingonen mit Hilfe des Wortes

ngaS   –   enthalten, beinhalten

auch eine parataktische Umschreibung von

$$\sin(30°) = 0,5$$

an:

wejmaH lawrI' ngaS tajvaj;
'ej vay po pagh vI' vagh juch tajvajvam HuDngech.

Ein Winkel enthält **30°**;
und deshalb hat der Sinus dieses Winkels morgens
eine Breite von **0,5**.

Das gleiche können wir natürlich auch um 12:00 Uhr mittags machen. Dadurch erhalten wir bei gleichem Winkel eine Phasenverschiebung um **90°**. Aus dem Sinus wird so der Kosinus.

Der Schatten des Zeigers im Kreis, den wir dann um die Mittagszeit sehen, entspricht dem Kosinus des Zeigerwinkels, wenn es sich um einen Einheitszeiger handelt.

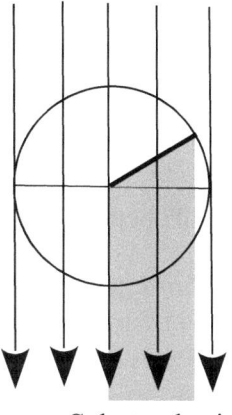

Schattenbreite

Die mathematische Beziehung

$$\cos{(30°)} = \sqrt{0{,}75} \approx 0{,}8660$$

können wir dann knapp formulieren als:

DungluQ pagh vI' chorgh jav jav pagh juchlaw' wejmaH lawrI'
tajvaj HuDngech.

<u>Mittags</u> hat der Sinus des Winkels von **30°** ungefähr
eine Breite von **0,8660**.

⇒ Der <u>Kosinus</u> eines Winkels von **30°** beträgt gerundet **0,8660**.

Die genaue Angabe mit Hilfe der Wurzelbeziehung erfolgt parataktisch:

wejmaH lawrI' ngaS tajvaj;
'ej vay <u>DungluQ</u> pagh vI' Soch vagh men
tajvajvam HuDngech meyrI';
'ej vay <u>DungluQ</u> pagh vI' chorgh jav jav pagh juchlaw'
tajvajvam HuDngech.

Ein Winkel enthält **30°**;

und deshalb besitzt das Quadrat des Sinus dieses Winkels <u>mittags</u>
eine Fläche von **0,75**;
und deshalb hat der Sinus des Winkels von **30°** <u>mittags</u>
ungefähr eine Breite von **0,8660**.

Fazit:

$$\alpha = 30° \quad \Rightarrow \quad \cos^2 \alpha = 0,75 \quad \Rightarrow \quad \cos \alpha \approx 0,8660$$

$\Rightarrow$ Der <u>Kosinus</u> eines Winkels von **30°** beträgt gerundet **0,8660**.

Der Sinus eines Winkels ist also ein frühmorgendlicher Sinus, da der frühmorgendliche Schattenwurf betrachtet wird, während der Kosinus eines Winkels einen mittäglichen Schattenwurf und damit einen mittäglichen Sinus darstellt.

Damit können wir auch den trigonometrischen Pythagoras parataktisch ausformulieren:

$$\sin^2 \alpha + \cos^2 \alpha = 1$$

tajvaj tu'lu';
'ej vay po tajvajvam HuDngech meyrI' 'oH meyrI' wa'DIch'e';
'ej vay DungluQ tajvajvam HuDngech meyrI' 'oH meyrI' cha'DIch'e';
'ej vay meyrI'vam wa'DIch boq meyrI'vam cha'DIch; **chen** wa'.

Und hier noch eine Beispielrechnung:

$$\sin^2 (20°) + \cos^2 (20°) = 0{,}3420^2 + 0{,}9397^2 = 0{,}1170 + 0{,}8830 = 1$$

cha'maH lawrI' ngaS tajvaj;
'ej vay po pagh vI' wej loS cha' pagh juch tajvajvam HuDngech;
'ej vay DungluQ pagh vI' Hut wej Hut jav juch tajvajvam HuDngech;
'ej vay pagh vI' wa' wa' Soch pagh men tajvajvam
HuDngech meyrI' wa'DIch;
'ej vay pagh vI' chorgh chorgh wej pagh men tajvajvam
HuDngech meyrI' cha'DIch;
'ej vay meyrI'vam wa'DIch boq meyrI'vam cha'DIch;
chen; pagh vI' wa' wa' Soch pagh boq pagh vI' chorgh
chorgh wej pagh; **chen** wa'.

104

Hatte ich schon erwähnt, dass uns Menschen das Leben ohne Parataxen besser gefällt? Natürlich können wir dem klingonischen Ansatz, alles in kleine Häppchen aufzuteilen, die wir dann wieder zu einem Gesamtbild zusammensetzen, folgen.

Aber noch einmal: Wir sind Menschen, und wir wollen als Menschen die uns wichtigen Dinge menschlich mit Hilfe der klingonischen Sprache ausdrücken. Also wollen wir Gleichungen wie beispielsweise

$$1 + \sin 20° = 1 + 0{,}3420 = 1{,}3420$$

nicht klingonisch parataktisch zerstückelt als

$$\alpha = 20° \quad \Rightarrow \quad \sin \alpha = 0{,}3420 \quad \Rightarrow \quad 1 + \sin \alpha = 1{,}3420$$

aufschreiben, sondern so, wie wir es gewohnt sind. Deshalb formulieren wir die oben angegebene Gleichung in menschlich ansprechender Form klingonisch als:

wa' boq po cha'maH lawrI' HuDngech;
chen; wa' boq pagh vI' wej loS cha' pagh;
chen wa' vI' wej loS cha' pagh.

Zumindest grammatikalisch ist hier klingonisch kaum etwa zu beanstanden, denn der Ausdruck {po cha'maH lawrI' HuDngech} ist ja aus linguistischer Sicht nicht anderes als eine Genetivverbindung mehrerer Substantive. Nach dem {boq} in der ersten Zeile stehen ja nur Hauptwörter, also grammatikalisch so etwas wie:

der Sinus der Gradeinheit der zwanzig des Morgens

Und mit (sin **20°**) weisen wir dieser grammatikalisch korrekten Konstruktion auch einen mathematisch sinnvollen Inhalt zu. Und dies tun wir einfach deshalb, weil es in dieser Art und Weise mathematisch gut funktionieren sollte und wir dann relativ problemfrei klingonisch rechnen können.

Und der trigonometrische Pythagoras lautet dann klingonisch in menschlicher Darstellung:

$$\sin^2 \alpha + \cos^2 \alpha = 1$$

po tajvaj HuDngech meyrI' boq DungluQ tajvaj HuDngech meyrI';
chen wa'.

bzw. in der Beispielrechnung:

$$\sin^2 (20°) + \cos^2 (20°) = 0{,}1170 + 0{,}8830 = 1$$

po cha'maH lawrI' HuDngech meyrI' boq DungluQ cha'maH lawrI'
HuDngech meyrI';
chen pagh vI' wa' wa' Soch pagh boq pagh vI' chorgh chorgh wej pagh;
chen wa'.

PS: Die ausführliche Rechnung mit dem Quadrat-Zwischenschritt

$$\sin^2 (20°) + \cos^2 (20°) = 0{,}3420^2 + 0{,}9397^2 = 0{,}1170 + 0{,}8830 = 1$$

können wir erst im nächsten Kapitel vollständig hinschreiben.Wir müssen uns nämlich erst noch einige Gedanken darüber machen, wie wir mehrere mathematische Operationen mit Hilfe einer geeigneten Klammersetzung grammatikalisch einigermaßen standfest formulieren können.

Ganz zu Beginn dieses Buches hatten wir schon das Verb {gher} für „formulieren" bzw. „zusammenstellen" kennengelernt. Dieses Verb verwenden wir nun in den Übungen im Imperativ:

yIgher !   –   Formuliere! Formuliere es! Formuliert es!
pegher !   –   Formuliert!

qaD Qu'mey wa'maH wa'DIch

1) $\sin (65°) = ?$ yISIm !

2) $\cos (42°) = ?$ yISIm !

3) $\sin (35 \text{ alte Lau}) = ?$ yISIm !

4) cos (**23 alte Lau**) = ?   yISIm !

5) **1 − cos² α = sin² α**   yIgher !

6) **1 − cos² (75°) = sin² (75°)**   yIgher 'ej yISIm !

gher'IDmey wa'maH wa'DIch

1) **sin (65°) = 0,9063**

   po pagh vI' Hut pagh jav wej juch javmaH vagh lawrI' tajvaj HuDngech.

   Oder alternativ (in menschlichem Klingonisch):

   po javmaH vagh lawrI' HuDngech tu'lu';
   chen pagh vI' Hut pagh jav wej.

   Oder alternativ (per klingonischer Parataxe):

   javmaH vagh lawrI' ngaS tajvaj;
   'ej vay po pagh vI' Hut pagh jav wej juch tajvajvam HuDngech.

2) **cos (42°) = 0,7431**

   DungluQ pagh vI' Soch loS wej wa' juch loSmaH cha' lawrI' tajvaj HuDngech.

   Oder alternativ (in menschlichem Klingonisch):

   DungluQ loSmaH cha' lawrI' HuDngech tu'lu';
   chen pagh vI' Soch loS wej wa'.

   Oder alternativ (per klingonischer Parataxe):

   loSmaH cha' lawrI' ngaS tajvaj;
   'ej vay DungluQ pagh vI' Soch loS wej wa' juch tajvajvam HuDngech.

3) $\sin (\mathbf{54}\ \textbf{alte Lau}) = \sin \left({}^{360}/_{243} \cdot \mathbf{54°} \right) = \sin \left({}^{40}/_{27} \cdot \mathbf{54°} \right)$
   $= \sin \left({}^{2160°}/_{27} \right) = \sin (80°) = \mathbf{0,9848}$

vaghmaH loS law ngaS tajvaj;
'ej vay tajvajvam ghe'moHlu';
chen; cha'vatlh loSmaH wej loch wejvatlh javmaHlogh
boq'egh vaghmaH loS lawrI';
chen; cha'maH Soch loch loSmaHlogh boq'egh vaghmaH
loS lawrI';
chen cha'maH Soch loch cha'SaD wa'vatlh javmaH lawrI';
chen chorghmaH lawrI';
'ej vay po tajvajvam HuDngech tu'lu';
'ej vay po pagh vI' Hut chorgh loS chorgh juch tajvajvam
HuDngech.

Oder knapp: sin (**54** alte Lau) = sin (**80°**) = **0,9848**

po vaghmaH loS law HuDngech tu'lu';
chen po chorghmaH lawrI' HuDngech;
chen pagh vI' Hut chorgh loS chorgh.

4) $\cos(\textbf{48,6}\ \text{alte Lau}) = \cos\left(^{360}/_{243} \cdot \textbf{48,6°}\right) = \cos\left(^{40}/_{27} \cdot \textbf{48,6°}\right)$
$$= \cos\left(^{1944°}/_{27}\right) = \cos(\textbf{72°}) = \textbf{0,3090}$$

loSmaH chorgh vI' jav law ngaS tajvaj;
'ej vay tajvajvam ghe'moHlu';
chen; cha'vatlh loSmaH wej loch wejvatlh javmaHlogh
boq'egh loSmaH chorgh vI' jav lawrI';
chen; cha'maH Soch loch loSmaHlogh boq'egh loSmaH
chorgh vI' jav lawrI';
chen cha'maH Soch loch wa'SaD Hutvatlh loSmaH loS lawrI';
chen SochmaH cha' lawrI';
'ej vay DungluQ tajvajvam HuDngech tu'lu';
'ej vay DungluQ pagh vI' wej pagh Hut pagh juch tajvajvam
HuDngech.

Oder knapp: cos (**48,6** alte Lau) = cos (**72°**) = **0,3090**

DungluQ loSmaH chorgh vI' jav law HuDngech tu'lu';
chen DungluQ SochmaH cha' lawrI' HuDngech;
chen pagh vI' wej pagh Hut pagh.

5) $1 - \cos^2 \alpha = \sin^2 \alpha$

Wir erinnern uns: nIb –   gleich sein, identisch sein

tajvaj tu'lu';
'ej vay DungluQ tajvajvam HuDngech tu'lu';
'ej vay DungluQ tajvajvam HuDngech meyrI' tu'lu';
'ej vay wa' boqHa' meyrI'vam;
chen gher'ID wa'DIch;
'ej vay po tajvajvam HuDngech tu'lu';
'ej vay po tajvajvam HuDngech meyrI' tu'lu';
chen gher'ID cha'DIch;
'ej vay nIb gher'ID wa'DIch, gher'ID cha'DIch je.

Oder alternativ (in menschlichem Klingonisch):

wa' boqHa' DungluQ tajvaj HuDngech meyrI';
chen po tajvaj HuDngech meyrI'.

6) $1 - \cos^2 (75°) = \sin^2 (75°)$

Parataxe: $\alpha = 75°$ $\Rightarrow$ $\cos \alpha = 0{,}2588$

$\Rightarrow$ $\cos^2 \alpha = 0{,}0670$

$\Rightarrow$ Erstes Ergebnis:

$1 - \cos^2 \alpha = 1 - 0{,}0670 = 0{,}9330$

$\Rightarrow$ $\sin \alpha = 0{,}9659$

$\Rightarrow$ Zweites Ergebnis:

$\sin^2 \alpha = 0{,}9330$

$\Rightarrow$ Erstes Ergebnis = Zweites Ergebnis

SochmaH vagh lawrI' ngaS tajvaj;
'ej vay DungluQ pagh vI' cha' vagh chorgh chorgh juch
tajvajvam HuDngech;
'ej vay DungluQ pagh vI' pagh jav Soch pagh men tajvajvam
HuDngech meyrI';

'ej vay wa' boqHa' meyrI'vam;

chen; wa' boqHa' pagh vI' pagh jav Soch pagh;

chen pagh vI' Hut wej wej pagh;

chen gher'ID wa'DIch;

'ej vay po pagh vI' Hut jav vagh Hut juch tajvajvam HuDngech;

'ej vay po pagh vI' Hut wej wej pagh men tajvajvam HuDngech meyrI';

chen gher'ID cha'DIch;

'ej vay nIb gher'ID wa'DIch, gher'ID cha'DIch je.

Oder alternativ (in menschlichem Klingonisch):

wa' boqHa' DungluQ SochmaH vagh lawrI' HuDngech meyrI';

chen po SochmaH vagh lawrI' HuDngech meyrI'.

12.   Mehrfachoperationen: mI'mey Dotlh choH law'

Jetzt wird es heikel, grammatikalisch heikel. Wir wollen Mehrfach-Operationen besprechen.

Addition und Subtraktion, Multiplikation und Division sind mathematische Operationen, die den Zustand von Zahlen ändern.

Dotlh   –   Status, Zustand
choH   –   Änderung, Wechsel
mI'mey Dotlh choH   –   Änderung des Zustands der Zahlen
             = mathematische Operation
law'   –   viele sein (mit Stoppbuchstaben {'})

Und da wir uns im Deutschen über Rechnungen wie

$$5 + 6 + 7 = 18$$

unterhalten können, möchten wir dies auch auf Klingonisch tun. Natürlich können wir wieder alles als Parataxe formulieren:

$$5 + 6 = 11$$
$$11 + 7 = 18$$

vagh boq jav; **chen** wa'maH wa'.

wa'maH wa' boq Soch; **chen** wa'maH chorgh.

Aber auf Dauer ist das doch recht nervig. Auf Deutschen sagen das ja alles auch in einem einzigen Satz:

Fünf plus sechs plus sieben gleich achtzehn.

Alle diese Zahlen, alle Satzbestandteile sind hier gleichberechtigt. In der offiziellen klingonischen Grammatik ist eine solche Gleichberechtigung nicht vorgesehen. Dort müsste dann ein Relativsatz eingebaut werden:

vagh boq jav boqbogh Soch; **chen** wa'maH chorgh.

Und da fangen dann die Probleme erst richtig an, wie in

https://klingon.wiki/De/Typ5Nomensuffixe

erläutert wird. Anhand des unmathematischen Beispielsatzes

tomat naH SoptaH loD leghbogh puq.

Tomate eine   isst Mann sieht das Kind Das

wird dies klar, denn dieser klingonische Satz kann zweierlei bedeuten:

1. Der Mann isst eine Tomate und das Kind sieht ihm dabei zu. Also ist der Mann das Subjekt dieses Hauptsatzes.

2. Das Kind isst eine Tomate und und das Kind sieht dabei einen Mann. Also ist in diesem Fall das Kind das Subjekt des Hauptsatzes.

Um diese Zweideutigkeit aufzulösen, wird im Klingonischen das Subjekt des Hauptsatzes durch die Nachsilbe {'e'}, einem Verstärkungssuffix, hervorgehoben, so dass die beiden eindeutigen Sätze

tomat naH SoptaH loD leghbogh puq'e'.

Das Kind, das den Mann sieht, isst eine Tomate.

und

tomat naH SoptaH loD'e' leghbogh puq.

Der Mann, den das Kind sieht, isst eine Tomate.

entstehen.

Doch welche Zahl soll in „5 + 6 + 7" das Subjekt sein? In {vagh boq jav boqbogh Soch} kann schließlich sowohl {vagh boq Soch} wie auch {vagh boq jav} als Hauptsatz angesehen werden. Aber das ist kein grammatikalischer Satz im engeren Sinne, dies ist eine mathematische Rechnung! Da benötigen wir auch kein Subjekt, da benötigen wir eine Sprechweise, die den Sinn verständlich hervortreten lässt.

Also werfen wir einen Blick in die Internetseiten unter

Contradictory Rules / Widersprüchliche Regeln
https://klingon.wiki/De/WidersprüchlicheRegeln
https://klingon.wiki/En/ContradictoryRules

Intentional Ungrammaticality /Absichtlich Ungrammatikalisch
https://klingon.wiki/De/AbsichtlichUngrammatikalisch
https://klingon.wiki/En/IntentionalUngrammaticality

und entscheiden uns hier in diesem Buch dazu, absichtlich ungrammatikalisch zu sein, um (Zitat) „… Dinge auszudrücken, die sonst nicht anderes ausgedrückt werden können."

Wir übersetzten jetzt klingonisch unbeholfen, dafür aber eindeutig:

$$5 + 6 + 7 = 18$$

vagh boq jav boq Soch; **chen** wa'maH chorgh.

Die gleiche Strategie können wir bei einer Dreifach-Multiplikation, bei der ebenfalls alle Faktoren mit allen anderen Faktoren vertauscht werden könnten und die damit gleichberechtigt sind, anwenden:

$$5 \cdot 6 \cdot 7 = 210$$

vaghlogh boq'egh javlogh boq'egh Soch; **chen** cha'vatlh wa'maH.

Solche Gleichungen besitzen in der Mathematik einen speziellen Status. Man nennt sie „assoziativ" und sie folgen dem „Assoziativgesetz". Umgangssprachlich bedeutet dieses mathematische Gesetz, dass keine Klammern benötigt werden. Es ist egal, ob und wo Klammern gesetzt werden:

$$(5 + 6) + 7 = 5 + (6 + 7) = 5 + 6 + 7 = 18$$

113

bzw.

$$(5 \cdot 6) \cdot 7 = 5 \cdot (6 \cdot 7) = 5 \cdot 6 \cdot 7 = 210$$

Egal, ob und wo Klammern stehen, es ergibt sich jeweils immer das gleiche Ergebnis.

Wir können das „Assoziativgesetz" also auch „Überflüssige-Klammern-Gesetz" nennen. Leider findet sich für das englische Wort „parenthesis", also „runde Klammer" zur Zeit keine direkte klingonische Übersetzung. Derzeit wird im Klingonen-Wiki lediglich „parenthetically" als „'ej De' vIchel" oder kürzer als „De'chel" angegeben:

https://klingon.wiki/Word/De-chel

Das können wir sprachlich auseinander nehmen:

De'	–	Information, Daten
chel	–	addieren, zusammenzählen, hinzufügen / er addiert
jIchel	–	ich addiere
vIchel	–	ich addiere es
'ej De' vIchel	–	und ich addiere Information
De' chel	–	er addiert Information

Die beiden Ausdrücke „'ej De' vIchel" und „De'chel" agieren dabei als Adverbien und stehen immer am Beginn eines Satzes. Das können wir ausnützen, um die Klammernsetzung klingonisch zu fassen, denn leider sind nicht alle mathematischen Beziehungen assoziativ.

Beispielsweise ist es bei der Subtraktion und der Division extrem wichtig, die Rechenreihenfolge durch eine eindeutige Angabe festzulegen:

$$(14 - 5) + 6 = \ 9 + \ 6 = 15$$

$$14 - (5 + 6) = 14 - 11 = \ 3$$

114

Hier erhalten wir also vollkommen unterschiedliche Ergebnisse, wenn die Klammern an unterschiedlichen Stellen gesetzt werden. Deshalb ist der Ausdruck

$$14 - 5 + 6 = ?$$

nicht eindeutig, da er unterschiedlich interpretiert werden kann. Und wir wissen nicht, wie ihn Klingonen interpretieren. Klingonen denken ja sprachlich in gewisser Weise von rechts nach links, während wir Terraner sprachlich von links nach rechts denken.

Es ist also nur eine unverbindlich irdische, menschliche bzw. gesellschaftliche Konvention, dass wir hier auf dem Planeten Erde die angegebene Rechnung als „$14 - 5 + 6 = 14 + (-5) + 6 = 15$" interpretieren. Das muss auf dem Planeten Kronos nicht so sein und deshalb setzen wir bei solchen zweideutigen Gleichungen hier in diesem Buch immer Klammern.

Die linke Seite einer runden Klammer, also eine geöffnete runde Klammer benennen wir dann als {De' chel}, „er/sie/es addiert Information". Und wenn er/sie/es mit der Informationszusammenfassung fertig ist und die Klammer geschlossen wird, deuten wir das Klammerende durch {chelta'}, „er/sie/es hat Information addiert und ist damit fertig" bzw. „er/sie/es addierte Information" an.

(Diese Konstruktion ist nicht kanonisch, sondern kamponisch.

https://klingon.wiki/De/Canon

https://de.wikipedia.org/wiki/Kampo

Und obwohl sie nicht kanonisch ist, ist sie doch sehr sinnvoll. Es ist halt so was wie ein sprachliches Placebo, um die nicht vorhandenen, jedoch mathematisch zwingend notwendigen kanonischen Elemente vorzutäuschen, ohne dass der Anwender die Täuschung bemerkt.)

Die beiden Rechnungen lauten dann hier auf Klingonisch:

$$(14 - 5) + 6 = 9 + 6 = 15$$

De' chel; wa'maH loS boqHa' vagh; chelta'; boq jav;
chen; Hut boq jav;
chen wa'maH vagh.

und

$$14 - (5 + 6) = 14 - 11 = 3$$

wa'maH loS boqHa'; De' chel; vagh boq jav; chelta';
chen; wa'maH loS boqHa' wa'maH wa';
chen wej.

Das ist sogar grammatikalisch einigermaßen richtig, denn es wurden ja jede Menge Strichpunkte gesetzt, so dass wir etliche eigenständige grammatikalische Sätze haben:

$$(14 - 5) + 6$$

De' chel; wa'maH loS boqHa' vagh; chelta'; boq jav.

Er addiert Information; **5** spaltet sich ab von **14**; er addierte Information; **6** vereinigt sich mit ihr (also mit dieser Information).

und

$$14 - (5 + 6)$$

wa'maH loS boqHa'; De' chel; vagh boq jav; chelta';

Es (also das, was noch kommt) spaltet sich ab von **14**; er addiert Information; **6** vereinigt sich mit **5**; er addierte Information.

Ganz ähnlich funktioniert es auch mit der Division:

$$400 : 10 : 5 = ?$$

ist hochgradig missverständlich. Also setzen wir Klammern:

$$(400 : 10) : 5 = 40 : 5 = 8$$

vaghlogh boqHa''egh; De' chel; wa'maHlogh boqHa''egh loSvatlh;
chelta';
chen; vaghlogh boqHa''egh loSmaH; **chen** chorgh.

5fach spaltet es (also das, was noch kommt) sich von sich selbst ab; er addiert Information; **10**fach spaltet sich **400** von sich selbst ab; er addierte Information;

es entsteht: **5**fach spaltet sich **40** von sich selbst ab;

8 entsteht.

Und alternativ:

$$400 : (10 : 5) = 400 : 2 = 200$$

De' chel; vaghlogh boqHa"egh wa'maH; chelta'; 'oplogh boqHa"egh loSvatlh;

chen; cha'logh boqHa"egh loSvatlh;

chen cha'vatlh.

Er addiert Information; **5**fach spaltet sich **10** von sich selbst ab; er addierte Information; mehrfach spaltet sich **400** von sich selbst ab;

es entsteht: **2**fach spaltet sich **400** von sich selbst ab;

200 entsteht.

Und auch bei der Potenzierung funktioniert die Klammersetzung in dieser Art und Weise, da sie ebenfalls nicht assoziativ ist.

$$\left(4^3\right)^2 = 64^2 = 4096$$

cha'logh Sep'egh; De' chel; wejlogh Sep'egh loS; chelta';

chen; cha'logh Sep'egh javmaH loS;

chen loSSaD HutmaH jav.

2fach brütet es (also das, was noch kommt) sich selbst aus; er addiert Information; **3**fach brütet sich **4** selbst aus; er addierte Information;

es entsteht: **2**fach brütet sich **64** selbst aus;

4096 entsteht.

Und alternativ:

$$4^{\left(3^2\right)} = 4^9 = 262144$$

De' chel; cha'logh Sep'egh wej; chelta'; 'oplogh Sep'egh loS;

chen; Hutlogh Sep'egh loS;

chen cha'bIp javnetlh cha'SaD wa'vatlh loSmaH loS.

Er addiert Information; **2**fach brütet sich **3** selbst aus; er addierte Information; mehrfach brütet sich **4** selbst aus.
es entsteht: **9**fach brütet sich **4** selbst aus;
262144 entsteht.

All dies ist sowohl mathematisch wie auch grammatikalisch vollkommen in Ordnung, so dass wir die Klammersetzung hier gut im Griff haben.

Aber wir sind auch faul – und Klingonen sind es ebenfalls. Wir lieben Abkürzungen, Klingonen lieben Abkürzungen. Das schein ein universeller Drang zu sein, ein Drang zum kürzesten Weg. Deshalb fliegen wir mit unseren Raumschiffen durch Wurmlöcher und deshalb lassen wir auch grammatikalisch zweifelhafte Konstruktionen zu, wie wir zu Beginn bei

$$5 + 6 + 7 = 18$$

vagh boq jav boq Soch; **chen** wa'maH chorgh.

gesehen haben. Durch eine solche nicht ganz koschere grammatikalische Struktur wird die Gleichung verständlicher. Und sie wird sprachlich kürzer.

Eine ähnliche sprachliche Vereinfachung nehmen wir nun auch bei nicht-assoziativen Gleichungen vor. Anstelle von {De' chel} im Sinn von „Klammer auf" und {chelta'} im Sinne von „Klammer zu" fügen wir lediglich die Abgeschlossenheitsnachsilbe {-ta'} an das mathematische Operationsverb an.

Wir erhalten dann kürzer und knapper:

$$(14 - 5) + 6 = \ 9 + \ 6 = 15$$

wa'maH loS boqHa'ta' vagh boq jav;
chen; Hut boq jav; **chen** wa'maH vagh.

und

$$14 - (5 + 6) = 14 - 11 = \ 3$$

wa'maH loS boqHa' vagh boqta' jav;
chen; wa'maH loS boqHa' wa'maH wa'; **chen** wej.

und

$$(400 : 10) : 5 = 40 : 5 = 8$$

vaghlogh boqHa"egh wa'maHlogh boqHa"eghta' loSvatlh;
chen; vaghlogh boqHa"egh loSmaH; **chen** chorgh.

und

$$400 : (10 : 5) = 400 : 2 = 200$$

vaghlogh boqHa"eghta' wa'maHlogh boqHa"egh loSvatlh;
chen; cha'logh boqHa"egh loSvatlh; **chen** cha'vatlh.

und

$$(4^3)^2 = 64^2 = 4096$$

cha'logh Sep'egh wejlogh Sep'eghta' loS;
chen; cha'logh Sep'egh javmaH loS; **chen** loSSaD HutmaH jav.

und

$$4^{(3^2)} = 4^9 = 262144$$

cha'logh Sep'eghta' wejlogh Sep'egh loS; **chen**; Hutlogh Sep'egh loS;
chen cha'bIp javnetlh cha'SaD wa'vatlh loSmaH loS.

Zugegeben, das ist grammatikalisch gewöhnungsbedürftig. Aber es ist mathematisch recht sinnvoll, denn jetzt können wir auch verschiedene mathematische Operationen sehr leicht in einer einzigen Rechnung verknüpfen:

$$3 \cdot (5 + 2) = 3 \cdot 7 = 21$$

wejlogh boq'egh vagh boqta' cha';
chen; wejlogh boq'egh Soch; **chen** cha'maH wa';

oder

$$(3 \cdot 5) + 2 = 15 + 2 = 17$$

wejlogh boq'eghta' vagh boq cha';
chen; wa'maH vagh boq cha'; **chen** wa'maH Soch;

oder

$$(3 + 5)^2 = 8^2 = 64$$

cha'logh Sep'egh wej boqta' vagh;
chen; cha'logh Sep'egh chorgh; **chen** javmaH loS.

oder

$$3 + \left(5^2\right) = 3 + 25 = 28$$

wej boq cha'logh Sep'eghta' vagh;
chen; wej boq cha'maH vagh; **chen** cha'maH chorgh.

Da wir nicht wissen, ob in der klingonischen Mathematik auch die willkürliche irdische Regel „Punktrechnung geht vor Strichrechnung" gilt, sollten wir missverständliche Ausdrücke wie

$$3 \cdot 5 + 2 = ?$$

$$3 + 5^2 = ?$$

vermeiden und in solchen Fällen immer eine Klammer setzen.

Und da man bei der Potenzierung recht schnell ziemlich hohe Zahlen erreichen kann, hier noch einige weitere Zahlwörter höherer Zehnerpotenzen:

ZEHN MILLIONEN	10 000 000	wa'maH'uy'
	oder	wa'vatlhbIp
ZWANZIG MILLIONEN	20 000 000	cha'maH'uy'
	oder	cha'vatlhbIp
DREIßIG MILLIONEN	30 000 000	wejmaH'uy'
	oder	wejvatlhbIp
VIERZIG MILLIONEN	40 000 000	loSmaH'uy'
	oder	loSvatlhbIp
…	…	…
HUNDERT MILLIONEN	100 000 000	wa'vatlh'uy'
	oder	wa'SaDbIp
ZWEIHUNDERT MILLIONEN	200 000 000	cha'vatlh'uy'

		oder	cha'SaDbIp
DREIHUNDERT MILLIONEN	300 000 000		wejvatlh'uy'
		oder	wejSaDbIp
VIERHUNDERT MILLIONEN	400 000 000		loSvatlh'uy'
		oder	loSSaDbIp
…	…		…
EINE MILLIARDE	1 000 000 000		wa'Saghan
ZWEI MILLIARDEN	2 000 000 000		cha'Saghan
DREI MILLIARDEN	3 000 000 000		wejSaghan
VIER MILLIARDEN	4 000 000 000		loSSaghan
…	…		…

Und dann benötigen wir noch den Imperativ des Verbs „vergleichen":

Day	–	vergleichen / er vergleicht
yIDay !	–	Vergleiche! Vergleiche es! Vergleicht es!
peDay !	–	Vergleicht!
tIDay !	–	Vergleiche sie! Vergleicht sie!
		(Das Objekt ist im Plural, da immer mehrere Dinge verglichen werden sollen.)

qaD Qu'mey wa'maH cha'DIch

1) $(60 - 17) + 33 = ?$
    $60 - (17 + 33) = ?$ tISIm 'ej tIDay !

2) $(80\,000 : 500) : 20 = ?$
    $80\,000 : (500 : 20) = ?$ tISIm 'ej tIDay !

3) $\left(3^4\right)^2 = ?$
    $3^{(4^2)} = ?$ tISIm 'ej tIDay !

4) $(87 + 19) \cdot 6 = ?$
    $87 + (19 \cdot 6) = ?$ tISIm 'ej tIDay !

121

5) (120,4 · 20,5) – 8,5 = ?
    120,4 · (20,5 – 8,5) = ?   tISIm 'ej tIDay !

6) (8 + 7) – (6 + 5) = ?
    8 + (7 – 6) + 5 = ?   tISIm 'ej tIDay !

gher'IDmey wa'maH cha'DIch

1) (60 – 17) + 33 = 43 + 33 = 76

    De' chel; javmaH boqHa' wa'maH Soch; chelta'; boq wejmaH
    wej;
    chen; loSmaH wej boq wejmaH wej;
    chen SochmaH jav.

    Kürzer:

    javmaH boqHa'ta' wa'maH Soch boq wejmaH wej;
    chen; loSmaH wej boq wejmaH wej;
    chen SochmaH jav.

    60 – (17 + 33) = 60 – 50 = 10

    javmaH boqHa'; De' chel; wa'maH Soch boq wejmaH wej;
    chelta';
    chen; javmaH boqHa' vaghmaH;
    chen wa'maH.

    Kürzer:

    javmaH boqHa' wa'maH Soch boqta' wejmaH wej;
    chen; javmaH boqHa' vaghmaH;
    chen wa'maH.

    ⇒   **76 > 10**   ⇒   erstes Resultat > zweites Resultat

    ⇒   SochmaH jav tIn law'; wa'maH tIn puS.
    ⇒   gher'ID wa'DIch tIn law'; gher'ID cha'DIch tIn puS.

122

2) $\quad (80\,000 : 500) : 20 = 160 : 20 = 8$

cha'maHlogh boqHa"egh; De' chel; vaghvatlhlogh boqHa"egh chorghnetlh; chelta';
chen; cha'maHlogh boqHa"egh wa'vatlh javmaH;
chen chorgh.

Kürzer:

cha'maHlogh boqHa"egh vaghvatlhlogh boqHa"eghta' chorghnetlh;
chen; cha'maHlogh boqHa"egh wa'vatlh javmaH;
chen chorgh.

$80\,000 : (500 : 20) = 80\,000 : 25 = 3200$

De' chel; cha'maHlogh boqHa"egh vaghvatlh; chelta'; 'oplogh boqHa"egh chorghnetlh;
chen; cha'maH vaghlogh boqHa"egh chorghnetlh;
chen wejSaD cha'vatlh.

Kürzer:

cha'maHlogh boqHa"eghta' vaghvatlhlogh boqHa"egh chorghnetlh;
chen; cha'maH vaghlogh boqHa"egh chorghnetlh;
chen wejSaD cha'vatlh.

$\Rightarrow$ **$8 < 3200$** $\Rightarrow$ erstes Resultat < zweites Resultat

$\Rightarrow$ chorgh mach law'; wejSaD cha'vatlh mach puS.

$\Rightarrow$ gher'ID wa'DIch mach law'; gher'ID cha'DIch mach puS.

3) $\quad \left(3^4\right)^2 = 81^2 = 6561$

cha'logh Sep'egh; De' chel; loSlogh Sep'egh wej; chelta';
chen; cha'logh Sep'egh chorghmaH wa';
chen javSaD vaghvatlh javmaH wa'.

Kürzer:

cha'logh Sep'egh loSlogh Sep'eghta' wej;
chen; cha'logh Sep'egh chorghmaH wa';
chen javSaD vaghvatlh javmaH wa'.

$$3^{(4^2)} = 3^{16} = 43\,046\,721$$

De' chel; cha'logh Sep'egh loS; chelta'; 'oplogh Sep'egh wej;
chen; wa'maH javlogh Sep'egh wej;
chen loSmaH'uy' wej'uy' loSnetlh javSaD Sochvatlh cha'maH
wa'.

Kürzer:

cha'logh Sep'eghta' loSlogh Sep'egh wej;
chen; wa'maH javlogh Sep'egh wej;
chen loSmaH'uy' wej'uy' loSnetlh javSaD Sochvatlh cha'maH
wa'.

$\Rightarrow$ **6561 < 43 046 721** $\Rightarrow$ erstes Resultat < zweites Resultat

$\Rightarrow$ javSaD vaghvatlh javmaH wa' mach law'; loSmaH'uy'
wej'uy' loSnetlh javSaD Sochvatlh cha'maH wa' mach puS.

$\Rightarrow$ gher'ID wa'DIch mach law'; gher'ID cha'DIch mach puS.

4) $(87 + 19) \cdot 6 = 106 \cdot 6 = 636$

De' chel; chorghmaH Soch boq wa'maH Hut; chelta'; 'oplogh
boq'egh jav;
chen; wa'vatlh javlogh boq'egh jav;
chen javvatlh wejmaH jav.

Kürzer:

chorghmaH Soch boqta' wa'maH Hutlogh boq'egh jav;
chen; wa'vatlh javlogh boq'egh jav;
chen javvatlh wejmaH jav.

$87 + (19 \cdot 6) = 87 + 114 = 201$

chorghmaH Soch boq; De' chel; wa'maH Hutlogh boq'egh jav;
chelta';

chen; chorghmaH Soch boq wa'vatlh wa'maH loS;
chen cha'vatlh wa'.

Kürzer:

chorghmaH Soch boq wa'maH Hutlogh boq'eghta' jav;
chen; chorghmaH Soch boq wa'vatlh wa'maH loS;
chen cha'vatlh wa'.

$\Rightarrow$ **636 > 201** $\Rightarrow$ erstes Resultat > zweites Resultat

$\Rightarrow$ javvatlh wejmaH jav tIn law'; cha'vatlh wa' tIn puS.

$\Rightarrow$ gher'ID wa'DIch tIn law'; gher'ID cha'DIch tIn puS.

5) $(120{,}4 \cdot 20{,}5) - 8{,}5 = 2468{,}2 - 8{,}5 = 2459{,}7$

De' chel; wa'vatlh cha'maH vI' loSlogh boq'egh cha'maH vI'
vagh; chelta'; boqHa' chorgh vI' vagh;
chen; cha'SaD loSvatlh javmaH chorgh vI' cha' boqHa' chorgh
vI' vagh;
chen cha'SaD loSvatlh vaghmaH Hut vI' Soch.

Kürzer:

wa'vatlh cha'maH vI' loSlogh boq'eghta' cha'maH vI' vagh
boqHa' chorgh vI' vagh;
chen; cha'SaD loSvatlh javmaH chorgh vI' cha' boqHa' chorgh
vI' vagh;
chen cha'SaD loSvatlh vaghmaH Hut vI' Soch.

$120{,}4 \cdot (20{,}5 - 8{,}5) = 120{,}4 \cdot 12 = 1444{,}8$

wa'vatlh cha'maH vI' loSlogh boq'egh, De' chel; cha'maH vI'
vagh boqHa' chorgh vI' vagh; chelta';
chen; wa'vatlh cha'maH vI' loSlogh boq'egh wa'maH cha';
chen wa'SaD loSvatlh loSmaH loS vI' chorgh.

Kürzer:

wa'vatlh cha'maH vI' loSlogh boq'egh cha'maH vI' vagh
boqHa'ta' chorgh vI' vagh;

chen; wa'vatlh cha'maH vI' loSlogh boq'egh wa'maH cha';
chen wa'SaD loSvatlh loSmaH loS vI' chorgh.

$\Rightarrow$ **2459,7 > 1444,8** $\Rightarrow$ erstes Resultat > zweites Resultat

$\Rightarrow$ cha'SaD loSvatlh vaghmaH Hut vI' Soch tIn law';
wa'SaD loSvatlh loSmaH loS vI' chorgh tIn puS.

$\Rightarrow$ gher'ID wa'DIch tIn law'; gher'ID cha'DIch tIn puS.

6) $(8 + 7) - (6 + 5) = 15 - 11 = 4$

De' chel; chorgh boq Soch; chelta; boqHa'; De' chel; jav boq
vagh; chelta';
chen; wa'maH vagh boqHa' wa'maH wa';
chen loS.

Kürzer:

chorgh boqta' Soch boqHa' jav boqta' vagh;
chen; wa'maH vagh boqHa' wa'maH wa';
chen loS.

$8 + (7 - 6) + 5 = 8 + 1 + 5 = 14$

chorgh boq; De' chel; Soch boqHa' jav; chelta'; boq vagh;
chen; chorgh boq wa' boq vagh;
chen wa'maH loS.

Kürzer:

chorgh boq Soch boqHa'ta' jav boq vagh;
chen; chorgh boq wa' boq vagh;
chen wa'maH loS.

$\Rightarrow$ **4 < 14** $\Rightarrow$ erstes Resultat < zweites Resultat

$\Rightarrow$ loS mach law'; wa'maH loS mach puS.

$\Rightarrow$ gher'ID wa'DIch mach law'; gher'ID cha'DIch mach puS.

13. Noch mehr Klammermathematik: pIvghor romtom je

Für längere mathematische Ausdrücke werden weitere Klammern benötigt. Im englischen Sprachbereich stehen uns dabei drei verschiedene mathematische Klammern zur Verfügung.

https://de.langenscheidt.com/deutsch-englisch/klammer

parenthesis ………… runde Klammer
bracket……………… eckige Klammer
brace ………………… geschweifte Klammer

Die runde Klammer hatten wir uns im vergangenen Kapitel durch

De' chel   –   er addiert Information
                              → Beginn der runden Klammer
chelta'   –   er addierte, er ist mit dem Addieren fertig
                              → Ende der runden Klammer

zurechtdefiniert und uns dabei in kamponischer Art und Weise auf das kanonische Adverb {De'chel}, das ohne Lücke geschrieben wird, bezogen.

Mit der englischen eckigen Klammer, einem „bracket", machen wir es so ähnlich, denn es existiert tatsächlich eine klingonische Übersetzung des englischen Worts „bracket":

romtom   –   englisch: bracket, corbel,
                              gemeint ist hier in erster Linie jedoch eine architektonische Klammer, Halterung oder Konsole

Diese nicht-mathematische, architektonische Klammer lösen wir in ihre Bestandteile auf …

rom   –   Übereinstimmung, Anpassung
tom   –   kippen, neigen / er kippt

… und ordnen diese Bestandteile in folgender Art und Weise einer eckigen Klammer zu:

rom tom	–	er kippt die Übereinstimmung
		→ Beginn der eckigen Klammer
tomta'	–	er kippte, er ist mit dem Kippen fertig
		→ Ende der eckigen Klammer

Also übersetzen wir beispielsweise:

$$7 - [(6 - 5) + 4] = 7 - [1 + 4] = 7 - 5 = 2$$

Soch boqHa'; rom tom; De' chel; jav boqHa' vagh; chelta';
boq loS; tomta';
chen; Soch boqHa'; rom tom; wa' boq loS; tomta';
chen; Soch boqHa' vagh;
chen cha'.

Manche Mathematikerinnen und Mathematiker lieben noch längere, noch verschachteltere Gleichungen. Deshalb konstruieren wir uns auch einen Ausdruck für eine geschweifte Klammer, denn Marc Okrand hat uns bisher keinen verraten.

Aber schließlich befinden wir bei Star Trek in der Sphäre gekrümmter Welten, denn das englische Wort „warp" bedeutet ja genau dies: „Verkrümmung", „Verwölbung", also irgendwie geschweift. Und wieso soll immer nur die Raumzeit

pIvghor	–	Antrieb eine Raumschiffs durch Krümmung der Raumzeit, Warpantrieb

gekrümmt sein? Banalere Dinge wie mathematische Klammern sind es auch.

Also setzen wir:

pIv	–	Verkrümmung, Verwölbung, Warpisierung
ghor	–	brechen, zerbrechen
pIv ghor	–	er zerbricht die Verkrümmung
		→ Beginn der geschweiften Klammer

128

ghorta'   —   er zerbrach die Verkrümmung, er ist mit dem
Zerbrechen der Kümmung fertig
→ Ende der geschweiften Klammer

Und sollte Marc Okrand endlich geeignete Ausdrücke für mathematische Klammern bekannt geben, ersetzen wir die hier zwanglos erfun-
denen {pIv ghor}, {rom tom} und {De' chel} umstandslos und sofort
durch die dann hoffentlich offiziellen klingonischen Vokabeln.

Bis dahin wird es aber erfahrungsgemäß noch ein Weilchen dauern,
und so übersetzen wir die folgende Gleichung

$$9 - \{8 - [7 - (6 - 5)]\} = 9 - \{8 - [7 - 1]\} = 9 - \{8 - 6\} = 9 - 2 = 7$$

erst einmal behelfsmäßig mit

Hut boqHa'; pIv ghor; chorgh boqHa'; rom tom; Soch boqHa'
De' chel; jav boqHa' vagh; chelta'; tomta'; ghorta';
chen; Hut boqHa'; pIv ghor; chorgh boqHa'; rom tom;
Soch boqHa' wa'; tomta'; ghorta';
chen; Hut boqHa'; pIv ghor; chorgh boqHa' jav; ghorta';
chen; Hut boqHa' cha';
chen Soch.

Und hier noch die letzten klingonischen Zahlwörter:

ZEHN MILLIARDEN	10 000 000 000		
	wa'maHSaghan	oder	wa'netlh'uy'
ZWANZIG MILLIARDEN	20 000 000 000		
	cha'maHSaghan	oder	cha'netlh'uy'
DREIßIG MILLIARDEN	30 000 000 000		
	wejmaHSaghan	oder	wejnetlh'uy'
VIERZIG MILLIARDEN	40 000 000 000		
	loSmaHSaghan	oder	loSnetlh'uy'
…	…		…

HUNDERT MILLIARDEN	100 000 000 000		
	wa'vatlhSaghan	oder	wa'bIp'uy'
ZWEIHUNDERT MILLIARDEN	200 000 000 000		
	cha'vatlhSaghan	oder	cha'bIp'uy'
DREIHUNDERT MILLIARDEN	300 000 000 000		
	wejvatlhSaghan	oder	wejbIp'uy'
VIERHUNDERT MILLIARDEN	400 000 000 000		
	loSvatlhSaghan	oder	loSbIp'uy'
…	…	…	
EINE BILLION	1 000 000 000 000		
	wa'SaDSaghan	oder	wa'SanIDSaghan
ZWEI BILLIONEN	2 000 000 000 000		
	cha'SaDSaghan	oder	cha'SanIDSaghan
DREI BILLIONEN	3 000 000 000 000		
	wejSaDSaghan	oder	wejSanIDSaghan
VIER BILLIONEN	4 000 000 000 000		
	loSSaDSaghan	oder	loSSanIDSaghan
…	…	…	

Weitere, höhere klingonische Zahlwörter existieren (bis jetzt) nicht. Und sie sind auch nicht notwendig, denn üblicherweise geben wir hohe Zahlen in wissenschaftlicher Notation an. Wir sagen also:

fünf Billionen sechshundertachtundziebzig Milliarden neunhundert Millionen sind **5,6789** mal zehn hoch zwölf

$$5\,678\,900\,000\,000 = 5{,}6789 \cdot 10^{12}$$

vaghSaDSaghan javvatlhSaghan SochmaHSaghan chorghSaghan Hutvatlh'uy' tu'lu';
chen; vagh vI' jav Soch chorgh Hutlogh boq'egh wa'maH cha'logh Sep'eghta' wa'maH.

Da sich die Potenzierung nur auf die Basis **10** und nicht auf den gesamten vorstehenden Ausdruck **5,6789789 · 10** bezieht, muss zuerst potenziert und erst danach multipliziert werden, was durch die Nachsilbe {-ta'} in {Sep'eghta'} ausgedrückt wird.

qaD Qu'mey wa'maH wejDIch

1) $5 \cdot [(12 - 8) + 24] = ?$ yISIm !

2) $\left(8^{19-15}\right) \cdot 20 = ?$ yISIm !

3) $\left([5 + 4]^{30-25}\right) \cdot 27 = ?$ yISIm !

4) $6 \cdot \{30\,000\,000 - ([1\,000\,000 - 200\,000] : 4)\} = ?$ yISIm !

5) $234\,560\,000\,000 = ?$ yIghe'moH !

6) $5,4321 \cdot 10^8 = ?$ yIghe'moHHa' !

gher'IDmey wa'maH wejDIch

1) $5 \cdot [(12 - 8) + 24] = 5 \cdot [4 + 24] = 5 \cdot 28 = 140$

vaghlogh boq'egh; rom tom; De' chel; wa'maH cha' boqHa'
chorgh; chelta'; boq cha'maH loS; tomta';
chen; vaghlogh boq'egh; rom tom; loS boq cha'maH loS; tomta';
chen; vaghlogh boq'egh cha'maH chorgh;
chen wa'vatlh loSmaH.

2) $\left(8^{19-15}\right) \cdot 20 = 8^4 \cdot 20 = 4096 \cdot 20 = 81920;$

De' chel; rom tom; wa'maH Hut boqHa' wa'maH vagh; tomta';
'oplogh Sep'egh chorgh; chelta'; 'oplogh boq'egh cha'maH;
chen; De' chel; loSlogh Sep'egh chorgh; chelta'; 'oplogh
boq'egh cha'maH;
chen; loSSaD HutmaH javlogh boq'egh cha'maH;
chen chorghnetlh wa'SaD Hutvatlh cha'maH.

3) $\left([5 + 4]^{30-25}\right) \cdot 27 = \left(9^{30-25}\right) \cdot 27 = 9^5 \cdot 27 = 59049 \cdot 27$
$$= 1\,594\,323$$

De' chel; pIv ghor; wejmaH boqHa' cha'maH vagh; ghorta';
'oplogh Sep'egh; rom tom; vagh boq loS; tomta'; chelta';
'oplogh boq'egh cha'maH Soch;

chen; De' chel; pIv ghor; wejmaH boqHa' cha'maH vagh; ghorta'; 'oplogh Sep'egh Hut; chelta'; 'oplogh boq'egh cha'maH Soch;

chen; De' chel; vaghlogh Sep'egh Hut; chelta'; 'oplogh boq'egh cha'maH Soch;

chen; vaghnetlh HutSaD loSmaH Hutlogh boq'egh cha'maH Soch;

chen wa''uy' vaghbIp Hutnetlh loSSaD wejvatlh cha'maH wej.

4) $6 \cdot \{30\,000\,000 - ([1\,000\,000 - 200\,000] : 4)\}$
    $= 6 \cdot \{30\,000\,000 - (800\,000 : 4)\} = 6 \cdot \{30\,000\,000 - 200\,000\}$
    $= 6 \cdot 29\,800\,000 = 178\,800\,000$

javlogh boq'egh; pIv ghor; wejmaH'uy' boqHa'; De' chel; loSlogh boqHa''egh; rom tom; wa''uy' boqHa' cha'bIp; tomta'; chelta'; ghorta';

chen; javlogh boq'egh; pIv ghor; wejmaH'uy' boqHa'; De' chel; loSlogh boqHa''egh chorghbIp; chelta'; ghorta';

chen; javlogh boq'egh; pIv ghor; wejmaH'uy' boqHa' cha'bIp; ghorta';

chen; javlogh boq'egh cha'maH'uy' Hut'uy' chorghbIp;

chen wa'vatlh'uy' SochmaH'uy' chorgh'uy' chorghbIp;

5) $234\,560\,000\,000 = 2,3456 \cdot 10^{11}$

cha'vatlhSaghan wejmaHSaghan loSSaghan vaghvatlh'uy' javmaH'uy' tu'lu';

chen; cha' vI' wej loS vagh javlogh boq'egh wa'maH wa'logh Sep'eghta' wa'maH.

6) $5,4321 \cdot 10^8 = 543\,210\,000$

vagh vI' loS wej cha' wa'logh boq'egh chorghlogh Sep'eghta' wa'maH;

chen vaghvatlh'uy' loSmaH'uy' wej'uy' cha'bIp wa'netlh.

14. Ausblick: baSta'mey – Vektoren

Während Zahlen nulldimensionale Größen sind, die keine Richtungen haben, weisen Vektoren als eindimensionale Größen eine Richtung auf. Und da wird es bei den Klingonen interessant, denn die Basisvektoren der klingonischen Mathematik stehen nicht senkrecht, sondern schräg zueinander.

In der Ebene existieren drei klingonische Vektorrichtungen, so dass drei elementare Vektoren existieren. Diese Richtungen sind:

chan	–	Gebiet in östlicher Richtung, also in einem Koordinatensystem nach rechts
'ev	–	Gebiet in nordwestlicher Richtung, also in einem Koordinatensystem nach links oben
tIng	–	Gebiet in südwestlicher Richtung, also in einem Koordinatensystme nach links unten

Diese Richtungen sind klingonsiche Substantive. Nun übersetzen wir den Begriff des Vektors, dem wir in Form einer Genetiverbindung zweier Substantive dann jeweils eine Richtung zuweisen:

baSta'	–	Vektor	Abkürzung: $\mathbf{b}$ (für baSta')
chan baSta'	–	Vektor des Ostens:	$\mathbf{b}_{chan}$
'ev baSta'	–	Vektor des Nordwestens:	$\mathbf{b}_{'ev}$
tIng baSta'	–	Vektor des Südwestens:	$\mathbf{b}_{tIng}$

Grammatikalisch ist hier der Unterschied zwischen der „Stadt des Ostens", {chan veng} und „das Gebiet östlich der Stadt", {veng chan} wichtig. Und da wir nicht „östlich des Vektos" sagen wollen, sondern „Vektor des Ostens", platzieren wir {chan} und die anderen Richtungen vor {baSta'} und nicht dahinter.

Übrigens weiß Marc Okrand Vektoren sprachlich zu adeln, denn er konstruierte den Begriff auf Grundlage von:

baS	–	Metall
ta'	–	Imperator, Kaiser
baS ta'	–	Kaiser des Metalls

Ein Vektor ist somit nichts mathematisch Sprödes, sondern ein kaiserliches Metall. Allerdings ist Klingonisch für uns eine gesprochene Sprache. Es ist uns unbekannt, wie Klingonen Formeln aufschreiben. Also schreiben wir die Formeln in irdischer Schreibweise hin und übersetzen sie danach in sprechbares Klingonisch.

Und da auf dem Planeten Erde räumliche Vektoren aus historischen Gründen durch den griechischen Buchstaben „Sigma σ" ausgedrückt werden, machen wir das hier ebenfalls so. (Das hat uns der Wolfgang Pauli eingebrockt, denn seine Pauli-Matrizen σ_x, σ_y und σ_z sind nichts anderes als Basisvektoren.)

So erhalten wir die folgende graphische Darstellung, aus der die genauen Winkelbeziehungen ersichtlich werden. Ein 'ev-Vektor {'ev baSta'} zeigt also nicht genau in nordwestlicher Richtung, sondern ist ein kleines bisschen mehr nach Norden geneigt.

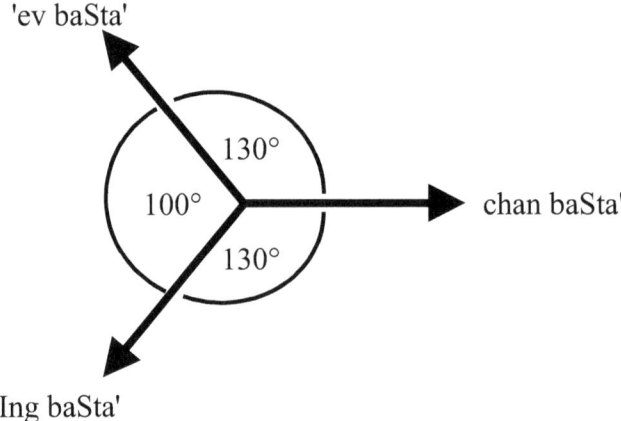

Diese drei Vektoren bilden die Grundlage der klingonischen Geometrie. Man darf sie deshalb zu recht als „Basisvektoren" bzw. in Ermangelung eines geeigneten klingonischen Begriffs als „wichtige Vektoren" bezeichnen:

potlh   –   wichtig sein / er ist wichtig
baSta' potlh   –   wichtiger Vektor $\rightarrow$ Basisvektor

Ja, in einer Ebene muss es drei Basisvektoren geben, solange keine negativen Zahlen verwendet werden. Und das möchten wir eigensinnigerweise möglichst vermeiden. Wir erhalten dann:

chan baSta' potlh   –   chan-Basisvektor: σ_{chan}

'ev baSta' potlh   –   'ev-Basisvektor: $\sigma_{'ev}$

tIng baSta' potlh   –   tIng-Basisvektor: σ_{tIng}

Basisvektoren sind Einheitsvektoren. Sie besitzen eine Länge von eins. Mathematisch wird dies bei räumlichen Vektoren üblicherweise durch eine Quadratur ausgedrückt. Mathematiker nennen dies auch „Normierung":

$$\sigma_{chan}{}^2 = \mathbf{1}$$

chan baSta' potlh meyrI' tu'lu'; **chen** wa'.

$$\sigma_{'ev}{}^2 = \mathbf{1}$$

'ev baSta' potlh meyrI' tu'lu'; **chen** wa'.

$$\sigma_{tIng}{}^2 = \mathbf{1}$$

tIng baSta' potlh meyrI' tu'lu'; **chen** wa'.

Da Basisvektoren automatisch Einheitsvektoren sind und manche Mathematiker den Begriff der „Basis" recht engstirnig auslegen, verwenden wir zukünftig in diesem Buch lieber den Ausdruck „Einheitsvektoren". Wenn also ein Vektor **b** genau **3** Basiseinheiten lang ist, entspricht er der Summe dieser drei identischen Einheitsvektoren, beispielsweise:

$$\mathbf{b} = \mathbf{1}\ \sigma_{\text{chan}} + \mathbf{1}\ \sigma_{\text{chan}} + \mathbf{1}\ \sigma_{\text{chan}} = \mathbf{3}\ \sigma_{\text{chan}}$$

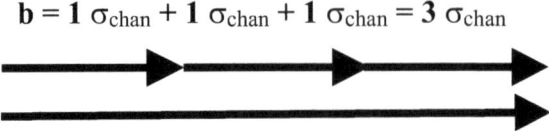

b baSta' tu'lu';
chen; wa' chan baSta' potlh boq wa' chan baSta' potlh boq
wa' chan baSta' potlh; **chen** wej chan baSta' potlh.

Natürlich können auch Vektoren, die in verschiedene Richtungen zeigen, addiert werden. Dabei ist zu beachten, dass das klingonische Endergebnis einer solchen Addition in einer Ebene immer eine Linearkombination aus nur zwei Einheitsvektoren ist. Handelt es sich um eine Linearkombination aus drei Einheitsvektoren, kann dies nur ein Zwischenergebnis sein.

Deshalb benötigen wir die Nullsummenformel aller drei Einheitsvektoren:

$$\mathbf{1}\ \sigma'_{\text{ev}} + \mathbf{1}\ \sigma_{\text{tIng}} + \mathbf{2} \cos{(\mathbf{50°})}\ \sigma_{\text{chan}} = \mathbf{0}$$

$$\mathbf{1}\ \sigma'_{\text{ev}} + \mathbf{1}\ \sigma_{\text{tIng}} + \mathbf{1{,}29}\ \sigma_{\text{chan}} \approx \mathbf{0}$$

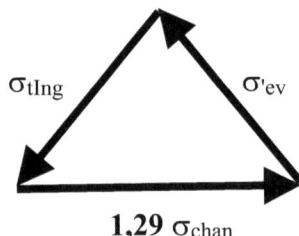

wa' 'ev baSta' potlh boq wa' tIng baSta' potlh boq wa' vI' cha' Hut
chan baSta' potlh; **chenlaw'** pagh.

Klingonen benötigen deshalb keine negativen Zahlen. Negative Vektoren formen sie möglichst umgehend in eine Linearkombination zweier positiver Einheitsvektoren um:

$$-1\ \sigma'_{ev} = 1\ \sigma_{tIng} + 1{,}29\ \sigma_{chan}$$

$$-1\ \sigma_{tIng} = 1\ \sigma'_{ev} + 1{,}29\ \sigma_{chan}$$

$$-1\ \sigma_{chan} = 0{,}78\ \sigma'_{ev} + 0{,}78\ \sigma_{tIng}$$

Beispiel 1: Eine Linearkombination aus drei Einheitsvektoren kann immer als eine Linearkombination zweier Einheitsvektoren geschrieben werden.

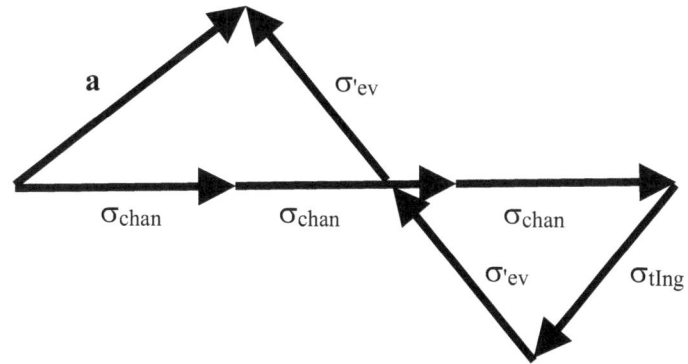

$$\mathbf{a} = 3\ \sigma_{chan} + \sigma_{tIng} + 2\ \sigma'_{ev}$$

$$= 1{,}71\ \sigma_{chan} + \underbrace{1{,}29\ \sigma_{chan} + \sigma_{tIng} + \sigma'_{ev} + \sigma'_{ev}}_{0} = 1{,}71\ \sigma_{chan} + \sigma'_{ev}$$

a baSta' tu'lu';
chen; wcj chan baSta' potlh boq wa' tIng baSta' potlh boq
cha' 'ev baSta' potlh;
chen; wa' vI' Soch wa' chan baSta' potlh boq wa' vI' cha' Hut
chan baSta' potlh boq wa' tIng baSta' potlh boq wa' 'ev baSta'
potlh boq wa' 'ev baSta' potlh;
chen; wa' vI' Soch wa' chan baSta' potlh boq wa' 'ev baSta' potlh;

Im Endergbnis $\mathbf{a} = 1{,}71\ \sigma_{chan} + \sigma'_{ev}$ sind nur noch die beiden Einheitsvektoren σ_{chan} und σ'_{ev} enthalten. In unserer graphischen Darstel-

137

lung können wir die Dreiecksschleife ganz rechts als Nullsumme einfach weglassen:

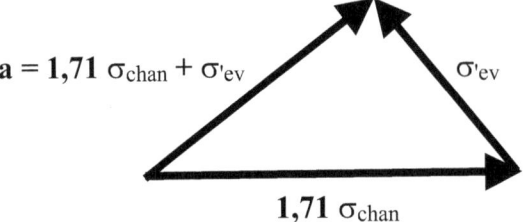

$$a = \mathbf{1{,}71}\ \sigma_{chan} + \sigma'_{ev}$$

$$\sigma'_{ev}$$

$$\mathbf{1{,}71}\ \sigma_{chan}$$

Beispiel 2: Sind in einer Linearkombination negative Terme enthalten, können diese immer in eine positive Linearkombination zweier Einheitsvektoren umgewandelt werden.

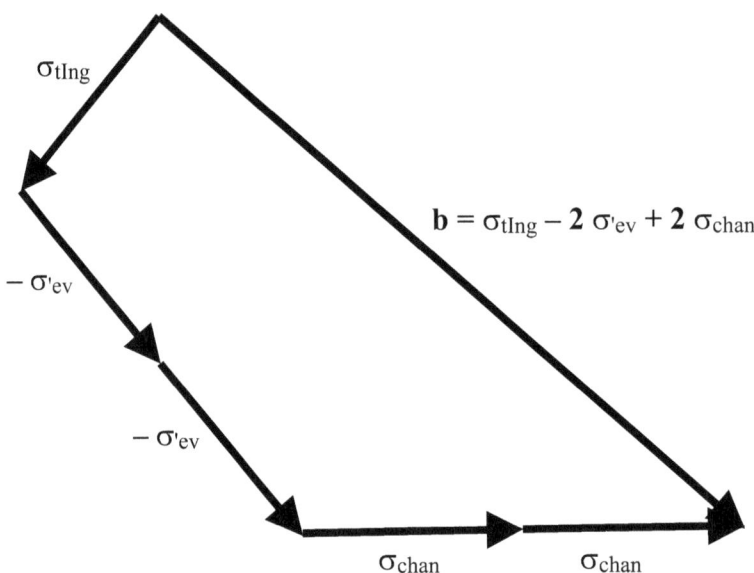

$$b = \sigma_{tlng} - \mathbf{2}\ \sigma'_{ev} + \mathbf{2}\ \sigma_{chan}$$

$$\begin{aligned}
b &= \sigma_{tlng} - \mathbf{2}\ \sigma'_{ev} + \mathbf{2}\ \sigma_{chan}\\
&= \sigma_{tlng} + \mathbf{2} \cdot (\mathbf{1}\ \sigma_{tlng} + \mathbf{1{,}29}\ \sigma_{chan}) + \mathbf{2}\ \sigma_{chan}\\
&= \sigma_{tlng} + \mathbf{2}\ \sigma_{tlng} + \mathbf{2{,}57}\ \sigma_{chan} + \mathbf{2}\ \sigma_{chan}\\
&= \mathbf{3}\ \sigma_{tlng} + \mathbf{4{,}57}\ \sigma_{chan}
\end{aligned}$$

b baSta' tu'lu';

chen; wa' tIng baSta' potlh boqHa' cha' 'ev baSta' potlh boq
cha' chan baSta' potlh;

chen; wa' tIng baSta' potlh boq; rom tom; cha'logh boq'egh; De' chel;
wa' tIng baSta' potlh boq wa' vI' cha' Hut chan baSta' potlh; chelta';
tomta'; boq cha' chan baSta' potlh;

chen; wa' tIng baSta' potlh boq cha' tIng baSta' potlh boq cha' vI' vagh
Soch chan baSta' potlh boq cha' chan baSta' potlh;

chen; wej tIng baSta' potlh boq loS vI' vagh Soch chan baSta' potlh.

Dabei haben wir sicherheitshalber alles erst ohne Rundung berechnet

$$\cos(50°) = 0{,}6427876 \approx 0{,}64$$
$$2\cos(50°) = 1{,}2855752 \approx 1{,}29$$
$$4\cos(50°) = 2{,}5711504 \approx 2{,}57$$

und erst später nach dem Rechnen beim Hinschreiben gerundet, so dass hier die genauere Angabe

$$2 \cdot 1{,}29\ \sigma_{chan} = 2{,}57\ \sigma_{chan} \neq 2{,}58\ \sigma_{chan}$$

zu finden ist.

Negative Vektoren brauchen wir also nicht. Aber was ist mit den negativen Zahlen in der klingonischen Mathematik?

Um diese Frage zu beantworten, multiplizieren wir. Das ist allerdings gewöhnungsbedürftig. Denn wir Menschen sind daran gewöhnt, dass beim Multiplizieren zweier Zahlen wieder eine Zahl entsteht. Die Qualität eines Objekts ändert sich – so unser humanoides Vorurteil – beim Multiplizieren nicht, da eine Zahl eine Zahl bleibt.

Klingonen sehen das ganz anders, denn sie multiplizieren nicht nur Zahlen, sondern auch Vektoren. Vektoren können wir uns als Pfeile vorstellen, es sind eindimensionale Objekte mit einer Richtung.

Werden nun zwei Vektoren multipliziert, entsteht kein neuer Vektor, sondern es entsteht eine Fläche, die eine Orientierung hat, oder es entsteht eine solche orientierte Fläche zusammen mit einer Zahl.

Diese orientierte Fläche plus Zahl können wir uns als Parallelogramm vorstellen. Werden zwei klingonische Vektoren multipliziert, entsteht ein **Parallelogramm**:

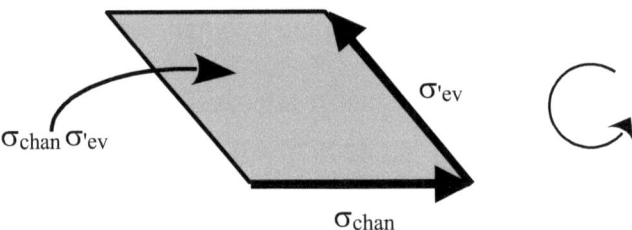

Dieses Parallelogramm, ein paralleles Viereck {loS reD mey' Don}, wird mathematisch als Produkt $\sigma_{chan}\sigma'_{ev}$ der beiden Einheitsvektoren σ_{chan} und σ'_{ev} beschrieben. Da wir zuerst in die chan-Richtung und dann in die 'ev-Richtung gehen, ist es entgegen dem Uhrzeigersinn orientiert.

Das entgegengesetzt orientierte Parallelogramm (das dann eine Orientierung im Uhrzeigersinn aufweist), ist mit dem oben abgebildeteten Parallelogramm über eine Quadrierung des negativen tIng-Einheitsvektors

$$-1\ \sigma_{tIng} = 1\ \sigma'_{ev} + 1{,}29\ \sigma_{chan}$$

verknüpft:

$$(-1\ \sigma_{tIng})^2 = (1\ \sigma'_{ev} + 1{,}29\ \sigma_{chan})^2$$

$$1 = 1 + 1{,}29\ \sigma'_{ev}\sigma_{chan} + 1{,}29\ \sigma_{chan}\sigma'_{ev} + 1{,}65$$

$$0 = 1{,}29\ \sigma'_{ev}\sigma_{chan} + 1{,}29\ \sigma_{chan}\sigma'_{ev} + 1{,}65$$

$$\Rightarrow \qquad 0 = \sigma'_{ev}\sigma_{chan} + \sigma_{chan}\sigma'_{ev} + 1{,}29$$

Das nächste, entgegen dem Uhrzeigersinn orientierten Basis-Paralle-logramm ist:

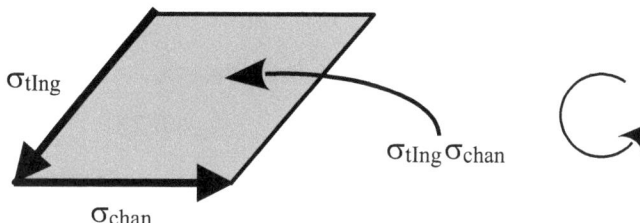

Hier erhalten wir durch eine Quadratur von

$$-1\ \sigma'_{ev} = 1\ \sigma_{tlng} + 1{,}29\ \sigma_{chan}$$

die Beziehung:

$$(-1\ \sigma'_{ev})^2 = (1\ \sigma_{tlng} + 1{,}29\ \sigma_{chan})^2$$

$$1 = 1 + 1{,}29\ \sigma_{tlng}\sigma_{chan} + 1{,}29\ \sigma_{chan}\sigma_{tlng} + 1{,}65$$

$$0 = 1{,}29\ \sigma_{tlng}\sigma_{chan} + 1{,}29\ \sigma_{chan}\sigma_{tlng} + 1{,}65$$

$$0 = \sigma_{tlng}\sigma_{chan} + \sigma_{chan}\sigma_{tlng} + 1{,}29$$

Außerdem gibt es:

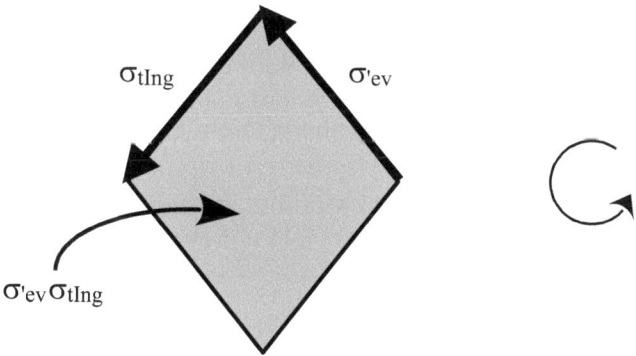

Die Quadratur von

$$-1\ \sigma_{chan} = 0{,}78\ \sigma'_{ev} + 0{,}78\ \sigma_{tlng}$$

ergibt dann:

$$(-1\,\sigma_{chan})^2 = (0{,}78\,\sigma'_{ev} + 0{,}78\,\sigma_{tlng})^2$$

$$1 = 0{,}61 + 0{,}61\,\sigma'_{ev}\sigma_{tlng} + 0{,}61\,\sigma_{tlng}\sigma'_{ev} + 0{,}61$$

$$0 = 0{,}61\,\sigma'_{ev}\sigma_{tlng} + 0{,}61\,\sigma_{tlng}\sigma'_{ev} + 0{,}21$$

$$0 = \sigma'_{ev}\sigma_{tlng} + \sigma_{tlng}\sigma'_{ev} + 0{,}35$$

Die so erhaltenen Gleichungen beschreiben den fundamentalen Unterschied zwischen der irdischen und der klingonischen Algebra. Auf der Erde rechnen wir mit orthogonalen Einheitsvektoren und erhalten so die terrane, zweidimensionale Pauli-Algebra der Ebene:

paw'   –   kollidieren, zusammenstoßen
paw'lI'   –   Er ist am Zusammenstoßen. → Pauli

⇒ paw'lI' mI'QeD wItte'mey 'ut
            –   grundlegende Gleichungen der Mathematik Paulis
                   → Definitionsgleichungen der Pauli-Algebra

$$\sigma_x{}^2 = \sigma_y{}^2 = 1$$

Human baSta' potlh meyrI' tu'lu'; **chen** wa'.

$$\sigma_x\sigma_y + \sigma_y\sigma_x = 0$$

wa'logh Human baSta' potlh wa'DIch boq'eghta' wa' Human baSta' potlh cha'DIch boq wa'logh Human baSta' potlh cha'DIch boq'eghta' wa' Human baSta' potlh wa'DIch; **chen** pagh.

Die Definitionsgleichungen der zweidimensionalen klingonischen Pauli-Algebra {tlhIngan paw'lI' mI'QeD wItte'mey 'ut} lauten stattdessen:

$$\sigma_{chan}{}^2 = \sigma'_{ev}{}^2 = \sigma_{tlng}{}^2 = 1$$

tlhIngan baSta' potlh meyrI' tu'lu'; **chen** wa'.

$$\sigma'_{ev}\,\sigma_{chan} + \sigma_{chan}\,\sigma'_{ev} + 1{,}29 = 0$$

$$\sigma_{chan}\,\sigma_{tIng} + \sigma_{tIng}\,\sigma_{chan} + 1{,}29 = 0$$

$$\sigma_{tIng}\,\sigma'_{ev} + \sigma'_{ev}\,\sigma_{tIng} + 0{,}35 = 0$$

wa'logh 'ev baSta' potlh boq'eghta' wa' chan baSta' potlh boq wa'logh chan baSta' potlh boq'eghta' wa' 'ev baSta' potlh boq wa' vI' cha' Hut; **chen** pagh.

wa'logh chan baSta' potlh boq'eghta' wa' tIng baSta' potlh boq wa'logh tIng baSta' potlh boq'eghta' wa' chan baSta' potlh boq wa' vI' cha' Hut; **chen** pagh.

wa'logh tIng baSta' potlh boq'eghta' wa' 'ev baSta' potlh boq wa'logh 'ev baSta' potlh boq'eghta' wa' tIng baSta' potlh boq pagh vI' wej vagh; **chen** pagh.

Die menschliche Pauli-Gleichung $\sigma_x\,\sigma_y + \sigma_y\,\sigma_x = 0$ ergibt Null, so dass nicht sofort klar ist, wie dies zu einer negativen Basiseinheit führen kann.

Anders ist es bei den klingonischen Pauli-Gleichungen. So ergibt sich aus

$$\sigma_{tIng}\,\sigma'_{ev} + \sigma'_{ev}\,\sigma_{tIng} = 4\cos^2(50°) - 2 = 2\cos(100°) = -0{,}35$$

die Beziehung

$$2{,}88\,(\sigma_{tIng}\,\sigma'_{ev} + \sigma'_{ev}\,\sigma_{tIng}) = -1$$

Negative Zahlen gibt es nicht. Es gibt nur Summen von Parallelogrammen. Der Ausdruck (− 1) ist also nur eine abkürzende Schreibweise für eine solche Linearkombination des Produkts von Vektoren. Wenn es Parallelogramme gibt, brauchen wir negative Zahlen nicht neu erfinden. Sie sind als ganz simple Eigenschaft in ihnen enthalten.

Damit können wir nun die gesamte Geometrie in Formeln fassen, was wir in einem weiteren Geometrie-Buch tun werden. Dieses Buch, das

Sie gerade lesen, ist ein Algebra-Buch {ghIq ghIqtu' tu'}, und deshalb werden wir abschließend ein lineares Gleichungssystem mit zwei Unbekannten lösen. Das ist eine algebraische Aufgabe. Und wir lösen diese Aufgabe mit Hilfe der klingonischen Pauli-Algebra.

Unser Gleichungssystem lautet:

$$3\,x + 2\,y = 31$$
$$5\,x + 4\,y = 55$$

Und die einfache Frage lautet: Wie groß sind die Variablen x und y, die dieses Gleichungssystem erfüllen?

Doch ein klingonisches Wort für eine mathematische unbekannte Größe, eine Variable x oder y, ist bis jetzt nicht bekannt. Also erfinden wir eins:

'op — etwas, einige, unbekannte Menge, unbekannte Stückzahl (Dieses Substantiv kennen wir schon.)

'ot — zurückhalten, vorenthalten (Information)

Die Variable verdeckt den Wert einer Größe. Sie enthält ihn uns vor. Deshalb bezeichnen wir sie vorläufig (bis Marc Okrand eine eigene Bezeichnung bekannt gibt) als:

'op 'otwI' — Zurückhalter der unbekannten Menge
= Objekt, das uns die unbekannte Stückzahl vor-vorenthält = Variable

Damit übersetzen wir das oben angegebene Gleichungssystem als:

wItte' wa'DIch: wej 'op 'otwI' wa'DIch boq cha' 'op 'otwI' cha'DIch;
chen wejmaH wa'.
wItte' cha'DIch: vagh 'op 'otwI' wa'DIch boq loS 'op 'otwI' cha'DIch;
chen vaghmaH vagh.

Einschub: Dies ist ein lineares Gleichungssystem. Auch dafür gibt es bis jetzt kein eigenes klingonisches Wort. Aber es gibt etwas ganz,

ganz Seltsames, siehe:

www.frathwiki.com/Klingon/lexicon, Stichwort „Unker"

'un	–	Kochtopf
qer	–	schrumpfen, verkleinern
'un qer	–	geschrumpfter Kochtopf

$\Rightarrow$ 'unqer – Unker

ghItlhmeH	–	um zu schreiben
Ho'	–	Zahn
DoS	–	Ziel
Ho' DoS	–	Ziel des Zahns

$\Rightarrow$ Ho'DoS – System, Methode
$\Rightarrow$ ghItlhmeH Ho'DoS – Schrift, Schreibsystem

quq – gleichzeitig sein, simultan passieren

'unqer ghItlhmeH Ho'DoS quq
– Unker nicht-lineares Schreibsystem
= Unker simultanes Schreibsystem
(Achtung! {yIHoj !} Unker ist wirklich skuril!)

So übersetzen wir das Wort „Gleichunssystem" ganz analog. Die Bezeichnung „linear" lassen wir einfach weg, wir werden bequem:

wItte'mey Ho'DoS quq – simultanes System der Gleichungen

Noch bequemer sind Klingonen! Sie wollen kein System von Gleichungen. Mathematisch wollen Klingonen alles und alles auf einmal. Sie wollen nur **eine einzige Gleichung** {ngIq wItte'}, die alle Informationen gleichzeitig enthält.

Sie besitzen kein Wort für „simultanes System von Gleichungen", weil sie Gleichungssysteme nicht als Systeme ansehen. Dazu multiplizieren sie jede der beiden Gleichung mit einen Einheitsvektor, beispielsweise mit dem chan-Einheitsvektor und dem 'ev-Einheitsvektor

$$3\,x\,\sigma_{chan} + 2\,y\,\sigma_{chan} = 31\,\sigma_{chan}$$
$$5\,x\,\sigma'_{ev} + 4\,y\,\sigma'_{ev} = 55\,\sigma'_{ev}$$

und addieren die beiden Gleichungen,

$$3\,x\,\sigma_{chan} + 2\,y\,\sigma_{chan} + 5\,x\,\sigma'_{ev} + 4\,y\,\sigma'_{ev} = 31\,\sigma_{chan} + 55\,\sigma'_{ev}$$

um dann die Terme umzusortieren:

$$(3\,\sigma_{chan} + 5\,\sigma'_{ev})\,x + (2\,\sigma_{chan} + 4\,\sigma'_{ev})\,y = 31\,\sigma_{chan} + 55\,\sigma'_{ev}$$

Das ist echte klingonische Mathematik!

rom tom; De' chel; wej chan baSta' potlh boq vagh 'ev baSta' potlh; chelta'; 'oplogh boq'egh 'op 'otwI' wa'DIch; tomta'; boq; rom tom; De' chel; cha' chan baSta' potlh boq loS 'ev baSta' potlh; chelta'; 'oplogh boq'egh 'op 'otwI' cha'DIch; tomta'; **chen**; wejmaH wa' chan baSta' potlh boq vaghmaH vagh 'ev baSta' potlh.

In dieser einen einzigen linearen Gleichung sind drei Vektoren enthalten:

$$a = 3\,\sigma_{chan} + 5\,\sigma'_{ev}$$
$$b = 2\,\sigma_{chan} + 4\,\sigma'_{ev}$$
$$r = 31\,\sigma_{chan} + 55\,\sigma'_{ev}$$

baSta' wa'DIch: wej chan baSta' potlh boq vagh 'ev baSta' potlh.

baSta' cha'DIch: cha' chan baSta' potlh boq loS 'ev baSta' potlh.

gher'ID baSta': wejmaH wa' chan baSta' potlh boq vaghmaH vagh 'ev baSta' potlh.

Das Gleichungssystem, das nun kein System mehr ist, lautet somit kurz und knapp:

$$a\,x + b\,y = r$$

Die Bildung dieser simplen Gleichung wird im verloren gegangenen klingonischen Urtext von Hermann Grassmann eindrücklich beschrieben. Es existiert jedoch zum Glück eine holprige Übersetzung ins

Deutsche, die allerdings selbst für deutsche Muttersprachler schwer zu erschliessen ist. So wird auf S. 71 dieses Buchs

> Hermann Grassmann: Die lineale Ausdehnungslehre, ein neuer Zweig der Mathematik. Verlag von Otto Wigand, Leipzig 1844.

die gerade vorgenommene Umformung mit folgenden Worten beschrieben:

Hier können wir die Zahlenkoefficienten, welche verschiedenen Gleichungen angehören, sofern wir diese Verschiedenheit an ihrem Begriff noch festhalten, als verschiedenartig ansehen, und zwar alle als an sich verschiedenartig, d. h. als unabhängig in dem Sinne unserer Wissenschaft, die einer und derselben Gleichung als unter sich in derselben Beziehung gleichartig. Addiren wir nun in diesem Sinne alle n Gleichungen und bezeichnen die Summe des Verschiedenartigen in dem Sinne unserer Wissenschaft mit dem Verknüpfungszeichen +, indem die gleichen Stellen in den so gebildeten Summenausdrücken immer dem Gleichartigen zukommen sollen, so erhalten wir [die auf der vorigen Seite angegebene Gleichung].

Dies ist große, grandiose Mathematik! Das ist die Mathematik eines der größten aller universellen Geistesgiganten.

Um die Vektorgleichung $\mathbf{a}\,x + \mathbf{b}\,y = \mathbf{r}$ zu lösen, werden alle drei Vektoren miteinander multipliziert. Klingonen sind da sehr, sehr gründlich: Sie multiplizieren diese drei Vektoren nicht auf einmal als Dreier-Produkt, sondern sie multiplizieren immer nur in Zweier-Produkten – und zwar in jeder möglichen Kombination.

Es gibt also $\mathbf{3}! = \mathbf{3} \cdot \mathbf{2} \cdot \mathbf{1} = \mathbf{6}$ Produkte:

$$\mathbf{a\ b} = (3\ \sigma_{chan} + 5\ \sigma'_{ev})\,(2\ \sigma_{chan} + 4\ \sigma'_{ev})$$
$$= 26 + 12\ \sigma_{chan}\,\sigma'_{ev} + 10\ \sigma'_{ev}\,\sigma_{chan}$$

loS reD mey' Don wa'DIch tu'lu'; **chen**; wej chan baSta' potlh boqta' vaghlogh 'ev baSta' potlh boq'egh cha' chan baSta' potlh boqta' loS 'ev baSta' potlh; **chen**; cha'maH jav boq wa'maH cha' chan baSta' potlh 'ev baSta' potlh boq wa'maH 'ev baSta' potlh chan baSta' potlh.

$$\mathbf{b\ a} = (2\ \sigma_{chan} + 4\ \sigma'_{ev})\,(3\ \sigma_{chan} + 5\ \sigma'_{ev})$$
$$= 26 + 10\ \sigma_{chan}\,\sigma'_{ev} + 12\ \sigma'_{ev}\,\sigma_{chan}$$

loS reD mey' Don cha'DIch tu'lu'; **chen**; cha' chan baSta' potlh boqta' loSlogh 'ev baSta' potlh boq'egh wej chan baSta' potlh boqta' vagh 'ev baSta' potlh; **chen**; cha'maH jav boq wa'maH chan baSta' potlh 'ev baSta' potlh boq wa'maH 'ev baSta' potlh cha' 'ev baSta' potlh chan baSta' potlh.

$$\mathbf{a\ r} = (3\ \sigma_{chan} + 5\ \sigma'_{ev})\,(31\ \sigma_{chan} + 55\ \sigma'_{ev})$$
$$= 368 + 165\ \sigma_{chan}\,\sigma'_{ev} + 155\ \sigma'_{ev}\,\sigma_{chan}$$

loS reD mey' Don wejDIch tu'lu'; **chen**; wej chan baSta' potlh boqta' vaghlogh 'ev baSta' potlh boq'egh wejmaH wa' chan baSta' potlh boqta' vaghmaH vagh 'ev baSta' potlh; **chen**; wejvatlh javmaH chorgh boq wa'vatlh javmaH vagh chan baSta' potlh 'ev baSta' potlh boq wa'vatlh vaghmaH vagh 'ev baSta' potlh chan baSta' potlh.

$$\mathbf{r\ a} = (31\ \sigma_{chan} + 55\ \sigma'_{ev})\,(3\ \sigma_{chan} + 5\ \sigma'_{ev})$$
$$= 368 + 155\ \sigma_{chan}\,\sigma'_{ev} + 165\ \sigma'_{ev}\,\sigma_{chan}$$

loS reD mey' Don loSDIch tu'lu'; **chen**; wejmaH wa' chan baSta' potlh boqta' vaghmaH vaghlogh 'ev baSta' potlh boq'egh wej chan baSta' potlh boqta' vagh 'ev baSta' potlh; **chen**; wejvatlh javmaH chorgh boq wa'vatlh vaghmaH vagh chan baSta' potlh 'ev baSta' potlh boq wa'vatlh javmaH vagh 'ev baSta' potlh chan baSta' potlh.

$$\mathbf{b\,r} = (2\,\sigma_{chan} + 4\,\sigma'_{ev})\,(31\,\sigma_{chan} + 55\,\sigma'_{ev})$$
$$= 282 + 110\,\sigma_{chan}\sigma'_{ev} + 124\,\sigma'_{ev}\sigma_{chan}$$

loS reD mey' Don vaghDIch tu'lu'; **chen**; cha' chan baSta' potlh boqta' loSlogh 'ev baSta' potlh boq'egh wejmaH wa' chan baSta' potlh boqta' vaghmaH vagh 'ev baSta' potlh; **chen**; cha'vatlh chorghmaH cha' boq wa'vatlh wa'maH chan baSta' potlh 'ev baSta' potlh boq wa'vatlh cha'maH loS 'ev baSta' potlh chan baSta' potlh.

$$\mathbf{r\,b} = (31\,\sigma_{chan} + 55\,\sigma'_{ev})\,(2\,\sigma_{chan} + 4\,\sigma'_{ev})$$
$$= 282 + 124\,\sigma_{chan}\sigma'_{ev} + 110\,\sigma'_{ev}\sigma_{chan}$$

loS reD mey' Don javDIch tu'lu'; **chen**; wejmaH wa' chan baSta' potlh boqta' vaghmaH vaghlogh 'ev baSta' potlh boq'egh cha' chan baSta' potlh boqta' loS 'ev baSta' potlh; **chen**; cha'vatlh chorghmaH cha' boq wa'vatlh cha'maH loS chan baSta' potlh 'ev baSta' potlh boq wa'vatlh wa'maH 'ev baSta' potlh chan baSta' potlh.

Diese sechs Parallelogramme sind aus einem skalaren Anteil, also einer Zahl, und einer orientierten Fläche zusammengesetzt. Um das Gleichungssystem zu lösen, werden nur die Flächen benötigt. Die Zahl stört nur.

Deshalb ziehen Klingonen das Produkt zweier Vektoren vom Produkt der gleichen Vektoren in umgekehrter Reihenfolge ab. Dadurch wird der skalare Anteil wegsubtrahiert.

$$\mathbf{a\,b} - \mathbf{b\,a} =\ 2\,\sigma_{chan}\sigma'_{ev} -\ 2\,\sigma'_{ev}\sigma_{chan}$$
$$\mathbf{a\,r} - \mathbf{r\,a} = 10\,\sigma_{chan}\sigma'_{ev} - 10\,\sigma'_{ev}\sigma_{chan}$$
$$\mathbf{r\,b} - \mathbf{b\,r} = 14\,\sigma_{chan}\sigma'_{ev} - 14\,\sigma'_{ev}\sigma_{chan}$$

Hier haben wir jetzt pure, reine, unverfälschte orientierte Flächen. Und dies bleiben auch orientierte Flächen, wenn wir sie mit Hilfe von

$$- \sigma'_{ev}\sigma_{chan} = \sigma_{chan}\sigma'_{ev} + 1,29$$

umformen in:

$$a\,b - b\,a = 4\,\sigma_{chan}\sigma'_{ev} + 2,57$$

$$a\,r - r\,a = 20\,\sigma_{chan}\sigma'_{ev} + 12,86$$

$$r\,b - b\,r = 28\,\sigma_{chan}\sigma'_{ev} + 18,00$$

Da unsere Einheitsvektoren nicht senkrecht zueinander stehen, eliminieren die addierten Zahlen exakt die im Produkt $\sigma_{chan}\sigma'_{ev}$ enthaltenen skalaren Anteile. Diese skalaren Anteile werden „inneres Produkt" genannt.

vIq	–	Kampf, Schlacht
raq	–	monoton wiederholend sein, redundant sein
vIqraq	–	(handwerkliches) Produkt
mI'QeD vIqraq	–	Produkt der Mathematik → mathematisches Produkt = Ergebnis einer Multiplikation
qoD	–	Inneres, das Innere (Substantiv)

Komplizierte Frage: Ist ein „inneres Produkt" nun ein „Produkt des Inneren" {qoD mI'QeD vIqraq} oder das „Innere des Produkts" {mI'QeD vIqraq qoD}? Auf jeden Fall ist es ein monotoner Kampf der Mathematik und wird definiert als:

$$a \bullet b = \frac{1}{2}\,(a\,b + b\,a)$$

Das innere Produkt wird durch einen großen, dicken Punkt gekennzeichnet. Wir erhalen dann, nur so als Nebenrechnung:

$$\sigma_{chan} \bullet \sigma'_{ev} = \frac{1}{2}\,(\sigma_{chan}\,\sigma'_{ev} + \sigma'_{ev}\,\sigma_{chan})$$

Mit Hilfe der uns schon bekannten Formel

$$\sigma'_{ev}\sigma_{chan} + \sigma_{chan}\sigma'_{ev} + 1,29 = \sigma'_{ev}\sigma_{chan} + \sigma_{chan}\sigma'_{ev} + 2\cos(50°) = 0$$

ergibt sich folglich:

$$\sigma_{chan} \bullet \sigma'_{ev} = -\cos(50°) = \cos(130°)$$

Fazit: Das innere Produkt zweier Einheitsvektor entspricht dem Kosinus des von diesen Einheitsvektoren eingeschlossenen Winkels.

Zum Lösen klingonischer linearer Gleichungssysteme benötigen wir jedoch den Sinus-Term und damit das äußere Produkt {Hur mI'QeD vIqraq} oder {mI'QeD vIqraq Hur}. Es wird durch einen Keil gekennzeichnet und ist definiert als

$$\mathbf{a} \wedge \mathbf{b} = \frac{1}{2} \left(\mathbf{a}\,\mathbf{b} - \mathbf{b}\,\mathbf{a} \right)$$

Wir müssen also lediglich die bereits berechneten orientierten Flächen durch **2** teilen:

$$\mathbf{a}\,\mathbf{b} - \mathbf{b}\,\mathbf{a} = 2\,\sigma_{chan}\sigma'_{ev} - 2\,\sigma'_{ev}\sigma_{chan}$$

$$\Rightarrow \quad \mathbf{a} \wedge \mathbf{b} = \frac{1}{2}(\mathbf{a}\,\mathbf{b} - \mathbf{b}\,\mathbf{a}) = \sigma_{chan}\sigma'_{ev} - \sigma'_{ev}\sigma_{chan}$$

$$= 2\,\sigma_{chan}\sigma'_{ev} + 1{,}29$$

$$\mathbf{a}\,\mathbf{r} - \mathbf{r}\,\mathbf{a} = 10\,\sigma_{chan}\sigma'_{ev} - 10\,\sigma'_{ev}\sigma_{chan}$$

$$\Rightarrow \quad \mathbf{a} \wedge \mathbf{r} = \frac{1}{2}(\mathbf{a}\,\mathbf{r} - \mathbf{r}\,\mathbf{a}) = 5\,\sigma_{chan}\sigma'_{ev} - 5\,\sigma'_{ev}\sigma_{chan}$$

$$= 10\,\sigma_{chan}\sigma'_{ev} + 6{,}43$$

$$\mathbf{r}\,\mathbf{b} - \mathbf{b}\,\mathbf{r} = 14\,\sigma_{chan}\sigma'_{ev} - 14\,\sigma'_{ev}\sigma_{chan}$$

$$\Rightarrow \quad \mathbf{r} \wedge \mathbf{b} = \frac{1}{2}(\mathbf{r}\,\mathbf{b} - \mathbf{b}\,\mathbf{r}) = 7\,\sigma_{chan}\sigma'_{ev} - 7\,\sigma'_{ev}\sigma_{chan}$$

$$= 14\,\sigma_{chan}\sigma'_{ev} + 9{,}00$$

Wir haben hier also drei verschiedene orientierte Flächenstücke. Und jetzt kommt die große Überraschung: Teilen wir die Flächstücke, die einen Ergebnisvektor **r** enthalten, durch das Flächenstück der beiden Koeffizientenvektoren **a** und **b**, erhalten wir die Werte der beiden Variablen x und y (siehe folgende Seite).

Hinweis für Mathematikerinnen und Mathematiker: Das, was gleich kommt, ist die klingonische Fassung der Cramerschen Regel. Und die Dinge, die wir gerade eben als orientierte Flächenstücke berechnet haben, sind so etwas wie klingonische Determinanten.

$$\det \begin{pmatrix} 3 & 2 \\ 5 & 4 \end{pmatrix} = 3 \cdot 4 - 2 \cdot 5 = 2 \qquad \leftrightarrow \qquad \mathbf{a} \wedge \mathbf{b} = 2\,\sigma_{chan}\,\sigma'_{ev} + 1{,}29$$

$$\det \begin{pmatrix} 3 & 31 \\ 5 & 55 \end{pmatrix} = 3 \cdot 55 - 31 \cdot 5 = 10 \qquad \leftrightarrow \qquad \mathbf{a} \wedge \mathbf{r} = 10\,\sigma_{chan}\,\sigma'_{ev} + 6{,}43$$

$$\det \begin{pmatrix} 31 & 2 \\ 55 & 4 \end{pmatrix} = 31 \cdot 4 - 2 \cdot 55 = 14 \qquad \leftrightarrow \qquad \mathbf{r} \wedge \mathbf{b} = 14\,\sigma_{chan}\,\sigma'_{ev} + 9{,}00$$

Nur sind menschliche Determinanten auf der Erde reine Zahlen, während klingonische Determinanten auf Kronos als Linearkombinationen aus Parallelogrammen und Zahlen formuliert werden können.

Orientierten Flächen werden übrigens auch Bivektoren genannt. Hilfsweise übersetzen wir sie analog zur Schere:

'etlh – Klinge → cha''etlh – Zweifach-Klinge = Schere
baSta' – Vektor → cha'baSta' – Zweifach-Vektor = Bivektor

Hier jetzt also der letzte Lösungsschritt:

'op 'otwI' gher'ID wa'DIch:

$$x = (\mathbf{r} \wedge \mathbf{b}) : (\mathbf{a} \wedge \mathbf{b})$$
$$= (7\,\sigma_{chan}\,\sigma'_{ev} - 7\,\sigma'_{ev}\,\sigma_{chan}) : (\sigma_{chan}\,\sigma'_{ev} - \sigma'_{ev}\,\sigma_{chan})$$
$$= 7$$

'op 'otwI' wa'DIch tu'lu';
chen; wa' chan baSta' potlh 'ev baSta' potlh boqHa'ta' wa'logh 'ev baSta' potlh chan baSta' potlh boqHa''egh Soch chan baSta' potlh 'ev baSta' potlh boqHa'ta' Soch 'ev baSta' potlh chan baSta' potlh;
chen Soch.

'op 'otwI' gher'ID cha'DIch:

$$y = (a \wedge r) : (a \wedge b)$$
$$= (5\,\sigma_{\text{chan}}\,\sigma_{\text{ev}} - 5\,\sigma'_{\text{ev}}\,\sigma_{\text{chan}}) : (\sigma_{\text{chan}}\,\sigma_{\text{ev}} - \sigma'_{\text{ev}}\,\sigma_{\text{chan}})$$
$$= 5$$

'op 'otwI' cha'DIch tu'lu';
chen; wa' chan baSta' potlh 'ev baSta' potlh boqHa'ta' wa'logh 'ev
baSta' potlh chan baSta' potlh boqHa''egh vagh chan baSta' potlh 'ev
baSta' potlh boqHa'ta' vagh 'ev baSta' potlh chan baSta' potlh;
chen vagh.

Dies überprüfen wir natürlich mit Hilfe einer Probe:

'ol	–	überprüfen, verifizieren / er überprüft
yI'ol !	–	Überprüfe! Überprüfe es! Überprüft es!
pe'ol !	–	Überprüft!

Dazu setzen wir die beiden Resultate $x = 7$ und $y = 5$ in das ursprüngliche Gleichungssystem ein:

$$3\,x + 2\,y = 31 \quad \Rightarrow \quad 3 \cdot 7 + 2 \cdot 5 = 21 + 10 = 31$$
$$5\,x + 4\,y = 55 \quad \Rightarrow \quad 5 \cdot 7 + 4 \cdot 5 = 35 + 20 = 55$$
$$\Rightarrow \quad \text{Die beiden Ergebnisse sind richtig.}$$

Doch was genau sind äußere Produkte? Innere Produkte sind reine Zahlen, und sie setzen sich mit dem äußeren Produkt zum Gesamtprodukt, diesem eindrucksvollem, erstaunlichen klingonischen Produkt, das wir schon in Kapitel 11 erwähnten, zusammen:

$$a\,b = \frac{1}{2}\,(a\,b + b\,a) + \frac{1}{2}\,(a\,b - b\,a) = a \bullet b + a \wedge b$$

Was nun ist ein äußeres Produkt? Es gibt zwei Antworten: Eine geometrische Antwort und eine algebraische Antwort.

Die geometrische Antwort ist einfach: Das klingonische Gesamtprodukt **a b** ist ein Parallelogramm, das sich aus einem orientierten Fläche, also einem Bivektor, und einer Zahl zusammen setzt. Der skalare Anteil dieses Gesamtproduktes, wird durch das innere Produkt angegeben. Und das, was dann übrig bleibt, das äußere Produkt, ist ein bivektorieller, flächenhafter Anteil. Das äußere Produkt entspricht somit einer orientierten Fläche.

In unserer Aufgabe waren das beispielsweise für $\mathbf{a} = 3\,\sigma_{chan} + 5\,\sigma'_{ev}$ und $\mathbf{b} = 2\,\sigma_{chan} + 4\,\sigma'_{ev}$:

$$\mathbf{a\,b} = 26 + 12\,\sigma_{chan}\sigma'_{ev} + 10\,\sigma'_{ev}\sigma_{chan}$$
$$= 13{,}14 + 2\,\sigma_{chan}\sigma'_{ev}$$

$$\mathbf{a \bullet b} = 26 + 11\,\sigma_{chan}\sigma'_{ev} + 11\,\sigma'_{ev}\sigma_{chan} = 26 - 11 \cdot 1{,}29$$
$$= 11{,}86$$

$$\mathbf{a \wedge b} = 1\,\sigma_{chan}\sigma'_{ev} - 1\,\sigma'_{ev}\sigma_{chan} = 1{,}29 + 2\,\sigma_{chan}\sigma'_{ev}$$

Die orientierte Fläche des äußeren Produkts $\mathbf{a \wedge b}$ ist natürlich wieder ein Parallelogramm, aber – Überraschung !! – es ist ein ganz besonderes, spezielles Parallelogramm. Das sehen wir, wenn wir die **1,29** mit dem Quadrat des chan-Einheitsvektors $\sigma_{chan}{}^2 = 1$ multiplizieren:

$$\mathbf{a \wedge b} = 1{,}29\,\sigma_{chan}{}^2 + 2\,\sigma_{chan}\sigma'_{ev}$$
$$= \sigma_{chan}\,(1{,}29\,\sigma_{chan} + 2\,\sigma'_{ev})$$

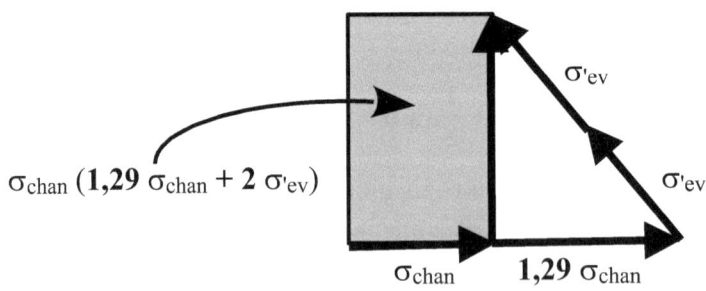

$\sigma_{chan}\,(1{,}29\,\sigma_{chan} + 2\,\sigma'_{ev})$ σ'_{ev} σ'_{ev} σ_{chan} $1{,}29\,\sigma_{chan}$

Es ist ein Rechteck!

Und zwar ist es ein orientiertes Rechteck mit einer positiven Orientierung entgegen dem Uhrzeigersinn.

Das war die geometrische Sicht. Jetzt kommen wir zur algebraischen Perspektive, indem wir das innere und das äußere Produkt quadrieren. Beim inneren Produkt ist alles ganz simpel: Das Quadrat einer Zahl ist immer eine positive Zahl. Dort ist also alles ganz, ganz normal:

$$(\mathbf{a} \bullet \mathbf{b})^2 = 11{,}86^2 = 140{,}63$$

Aber beim äußeren Produkt erleben wir wieder eine Überraschung:

$$(\mathbf{a} \wedge \mathbf{b})^2 = (1\, \sigma_{\text{chan}} \sigma'_{\text{ev}} - 1\, \sigma'_{\text{ev}} \sigma_{\text{chan}})^2$$
$$= 1\, \sigma_{\text{chan}} \sigma'_{\text{ev}} \sigma_{\text{chan}} \sigma'_{\text{ev}} - 2 + 1\, \sigma'_{\text{ev}} \sigma_{\text{chan}} \sigma'_{\text{ev}} \sigma_{\text{chan}}$$
$$= 1\, \sigma_{\text{chan}} \sigma'_{\text{ev}} (-\sigma'_{\text{ev}} \sigma_{\text{chan}} - 1{,}29) - 2$$
$$\quad + 1\, \sigma'_{\text{ev}} \sigma_{\text{chan}} (-\sigma_{\text{chan}} \sigma'_{\text{ev}} - 1{,}29)$$
$$= -1 - 1{,}29\, \sigma_{\text{chan}} \sigma'_{\text{ev}} - 2 - 1 - 1{,}29\, \sigma'_{\text{ev}} \sigma_{\text{chan}}$$
$$= -4 + 1{,}29^2 = -2{,}35$$

Das Quadrat ist negativ! Beim äußeren Produkt $\mathbf{a} \wedge \mathbf{b}$ handelt es sich um eine imaginäre Größe. In der klingonischen Pauli-Algebra sind die komplexen Zahlen somit automatisch enthalten.

Klingonen benötigen keine menschliche imaginäre Einheit $\mathbf{i}$, denn sie haben das äußere Produkt. Wenn sie mit klingonischen Vektoren rechnen, rechnen sie ganz von selbst mit komplexen Größen.

Übrigens steckt im äußeren Produkt $\mathbf{a} \wedge \mathbf{b}$ noch mehr, nämlich der Sinus des Winkels, der von den Vektoren $\mathbf{a}$ und $\mathbf{b}$ eingeschlossen wird. Dies aber untersuchen wir in einem weiteren, neuen Buch über die klingonische Geometrie.

Hier jetzt erst einmal noch ein paar neue Vokablen für die Übungen:

nap   –   einfach sein, simpel sein / es ist einfach
-moH   –   Verbnachsilbe für verursachen

napmoH	–	verursachen, einfach zu sein = vereinfachen
ylnapmoH	–	Vereinfache! Vereinfache es! Vereinfacht es!
penapmoH	–	Vereinfacht!
wev	–	skizzieren, kritzeln / er skizziert
yIwev !	–	Skizziere! Skizziere es! Skizziert es!
pewev !	–	Skizziert!
DIj	–	(mit einem Farbstift) bemalen / er bemalt
yIDIj !	–	Bemale! Bemale es! Bemalt es!
peDIj !	–	Bemalt!

qaD Qu'mey wa'maH loSDIch

1) $a = 2\,\sigma_{chan} + 3\,\sigma_{tIng} + 4\,\sigma'_{ev}$ ylnapmoH 'ej yIwev !

2) $b = 4\,\sigma_{chan} - 3\,\sigma_{tIng} + 2\,\sigma'_{ev}$ ylnapmoH 'ej yIwev !

3) $c = 3\,\sigma_{chan} + 4\,\sigma_{tIng} - 4\,\sigma'_{ev}$ meyrI' yISIm !

4) $d = 3\,\sigma_{tIng} - 3\,\sigma'_{ev}$

   $e = 4\,\sigma_{chan}$ loS reD mey' Don yISIm 'ej yIwev !

5) $7\,x + 8\,y = 96$

   $6\,x + 10\,y = 98$ yISIm 'ej yI'ol !

6) $0{,}4\,x + 0{,}8\,y = 28$

   $1{,}2\,x + 1{,}2\,y = 54$ yISIm 'ej yI'ol !

gher'IDmey wa'maH loSDIch

1) $a = 2\,\sigma_{chan} + 3\,\sigma_{tIng} + 4\,\sigma'_{ev}$

   $= -\,1{,}56\,\sigma'_{ev} - 1{,}56\,\sigma_{tIng} + 3\,\sigma_{tIng} + 4\,\sigma'_{ev}$

   $= 1{,}44\,\sigma_{tIng} + 2{,}44\,\sigma'_{ev}$

   a baSta' tu'lu'; **chen**; cha' chan baSta' potlh boq wej tIng basta'
   potlh boq loS 'ev baSta' potlh;

156

chen; wa' vI' vagh jav Dop 'ev baSta' potlh boq wa' vI' vagh jav Dop tIng baSta' potlh boq wej tIng basta' potlh boq loS 'ev baSta' potlh;
chen; wa' vI' loS loS tIng baSta' potlh boq cha' vI' loS loS 'ev baSta' potlh.

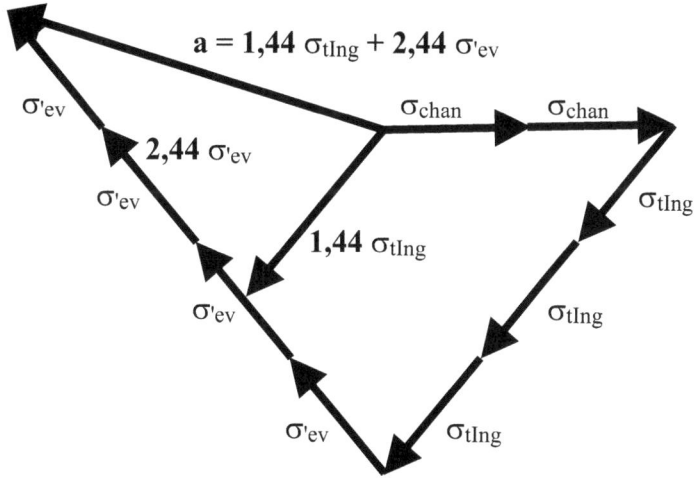

2) $\mathbf{b} = \mathbf{4}\ \sigma_{chan} - \mathbf{3}\ \sigma_{tIng} + \mathbf{2}\ \sigma'_{ev}$

$= \mathbf{4}\ \sigma_{chan} + \mathbf{3} \cdot (\mathbf{1}\ \sigma'_{ev} + \mathbf{1,29}\ \sigma_{chan}) + \mathbf{2}\ \sigma'_{ev}$

$= \mathbf{4}\ \sigma_{chan} + \mathbf{3}\ \sigma'_{ev} + \mathbf{3,86}\ \sigma_{chan} + \mathbf{2}\ \sigma'_{ev}$

$= \mathbf{7,86}\ \sigma_{chan} + \mathbf{5}\ \sigma'_{ev}$

b baSta' tu'lu'; **chen**; loS chan baSta' potlh boq wej Dop tIng basta' potlh boq cha' 'ev baSta' potlh;
chen; loS chan baSta' potlh boq; rom tom; wejlogh boq'egh; De' chel; wa' 'ev baSta' potlh boq wa' vI' cha' Hut chan baSta' potlh; chelta'; tomta'; boq cha' 'ev baSta' potlh;
chen; loS chan baSta' potlh boq wej 'ev baSta' potlh boq wej vI' chorgh jav chan baSta' potlh boq cha' 'ev baSta' potlh;
chen; Soch vI' chorgh jav chan baSta' potlh boq vagh 'ev baSta' potlh;

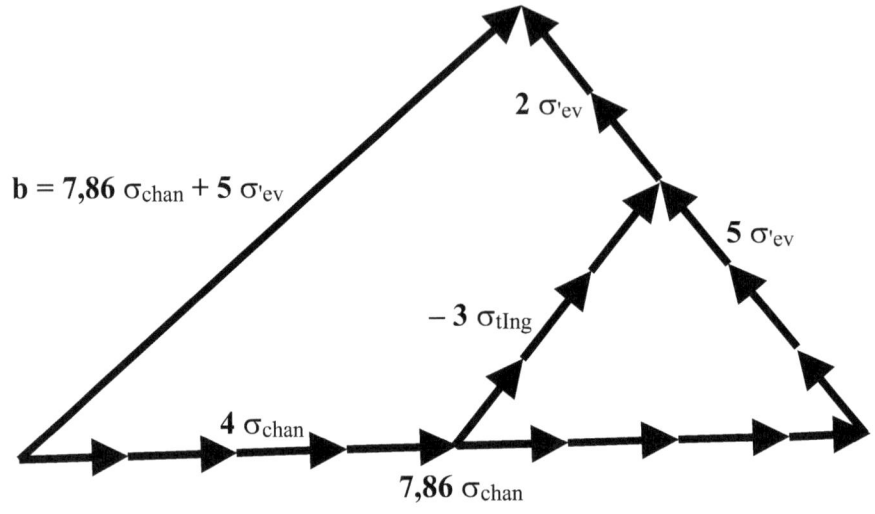

$$b = 7{,}86\ \sigma_{chan} + 5\ \sigma'_{ev}$$

$$2\ \sigma'_{ev}$$

$$5\ \sigma'_{ev}$$

$$-3\ \sigma_{tIng}$$

$$4\ \sigma_{chan}$$

$$7{,}86\ \sigma_{chan}$$

3) $\quad c = 3\ \sigma_{chan} + 4\ \sigma_{tIng} - 4\ \sigma'_{ev}$

$$
\begin{aligned}
c^2 &= (3\ \sigma_{chan} + 4\ \sigma_{tIng} - 4\ \sigma'_{ev})^2 \\
&= (3\ \sigma_{chan} + 4\ \sigma_{tIng} + 4 \cdot [1\ \sigma_{tIng} + 1{,}29\ \sigma_{chan}])^2 \\
&= (3\ \sigma_{chan} + 4\ \sigma_{tIng} + 4\ \sigma_{tIng} + 5{,}14\ \sigma_{chan})^2 \\
&= (8{,}14\ \sigma_{chan} + 8\ \sigma_{tIng})^2 \\
&= 66{,}30 + 65{,}14\ \sigma_{chan}\sigma_{tIng} + 65{,}14\ \sigma_{tIng}\sigma_{chan} + 64 \\
&= 130{,}30 + 65{,}14\ (\sigma_{chan}\sigma_{tIng} + \sigma_{tIng}\sigma_{chan}) \\
&= 130{,}30 - 65{,}14 \cdot 1{,}29 \\
&= 130{,}30 - 83{,}74 \\
&= 46{,}56
\end{aligned}
$$

PS: Das Endergebnis entspricht nur zufällig exakt der Addition der zuvor gerundeten Zwischenergebnisse **66,30** minus **83,74** plus **64**, denn es handelt sich um eine Rundung des exakten Wertes von

$$73 - 64\ \cos^2(50°) = 46{,}556742$$

c baSta' meyrI' tu'lu';

chen; cha'logh Sep'egh; De' chel; wej chan baSta' potlh boq loS tIng baSta' potlh boqHa' loS 'ev baSta' potlh; chelta';

chen; cha'logh Sep'egh; De' chel; wej chan baSta' potlh boq loS tIng baSta' potlh boq loSlogh boq'egh; rom tom; wa' tIng baSta' potlh boq wa' vI' cha' Hut chan baSta' potlh; tomta'; chelta';

chen; cha'logh Sep'egh wej chan baSta' potlh boqta' loS tIng baSta' potlh boqta' loS tIng baSta' potlh boqta' vagh vI' wa' loS chan baSta' potlh;

chen; cha'logh Sep'egh chorgh vI' wa' loS chan baSta' potlh boqta' chorgh tIng baSta' potlh;

chen; javmaH jav vI' wej pagh boq javmaH vagh vI' wa' loS chan baSta' potlh tIng baSta' potlh boq javmaH vagh vI' wa' loS tIng baSta' potlh chan baSta' potlh boq javmaH loS;

chen; wa'vatlh wejmaH vI' wej pagh boq; rom tom; javmaH vagh vI' wa' loSlogh boq'egh; De' chel; wa' chan baSta' potlh tIng baSta' potlh boq tIng baSta' potlh chan baSta' potlh; chelta'; tomta';

chen; wa'vatlh wejmaH vI' wej pagh boq javmaH vagh vI' wa' loSlogh Dop boq'eghta' wa' vI' cha' Hut;

chen; wa'vatlh wejmaH vI' wej pagh boqHa' chorghmaH wej vI' Soch loS;

chen loSmaH jav vI' vagh jav.

4)   **d e** $= (3\,\sigma_{tIng} - 3\,\sigma'_{ev})\,4\,\sigma_{chan}$

$\quad = 12\,\sigma_{tIng}\,\sigma_{chan} - 12\,\sigma'_{ev}\,\sigma_{chan}$

$\quad = (3\,\sigma_{tIng} + 3\,\sigma_{tIng} + 3{,}86\,\sigma_{chan})\,4\,\sigma_{chan}$

$\quad = (6\,\sigma_{tIng} + 3{,}86\,\sigma_{chan})\,4\,\sigma_{chan}$

$\quad = 24\,\sigma_{tIng}\,\sigma_{chan} + 15{,}43$

$\quad = 12\,\sigma_{tIng}\,\sigma_{chan} - 12\,(1\,\sigma_{chan}\,\sigma_{tIng} + 1{,}29) + 15{,}43$

$\quad = 12\,\sigma_{tIng}\,\sigma_{chan} - 12\,\sigma_{chan}\,\sigma_{tIng} - 15{,}43 + 15{,}43$

$\quad = 12\,\sigma_{tIng}\,\sigma_{chan} - 12\,\sigma_{chan}\,\sigma_{tIng}$

D e loS reD mey' Don tu'lu';

chen; wej tIng baSta' potlh boqHa'ta' wejlogh 'ev baSta' potlh boq'egh loS chan baSta' potlh;

chen; wa'maH cha' tIng baSta' potlh chan baSta' potlh boqHa' wa'maH cha' 'ev baSta' potlh chan baSta' potlh;

chen; wej tIng baSta' potlh boqta' wej tIng baSta' potlh boqta' wej vI' chorgh javlogh chan baSta' potlh boq'egh loS chan baSta' potlh;

chen; jav tIng baSta' potlh boqta' wej vI' chorgh javlogh chan baSta' potlh boq'egh loS chan baSta' potlh;

chen; cha'maH loS tIng baSta' potlh chan baSta' potlh boq wa'maH vagh vI' loS wej;

chen; wa'maH cha' tIng baSta' potlh chan baSta' potlh boq; rom tom; wa'maH cha'logh Dop boq'egh; De' chel; wa' chan baSta' potlh tIng baSta' potlh boq wa' vI' cha' Hut; chelta'; tomta'; boq wa'maH vagh vI' loS wej;

chen; wa'maH cha' tIng baSta' potlh chan baSta' potlh boq wa'maH cha' Dop chan baSta' potlh tIng baSta' potlh boq wa'maH vagh vI' loS wej Dop boq wa'maH vagh vI' loS wej;

chen; wa'maH cha' tIng baSta' potlh chan baSta' potlh boqHa' wa'maH cha' chan baSta' potlh tIng baSta' potlh.

Hier lernen wir übrigens auch etwas Fundamentales:

d e = **12** $\sigma_{tIng}\sigma_{chan}$ − **12** $\sigma'_{ev}\sigma_{chan}$ = **12** $\sigma_{tIng}\sigma_{chan}$ − **12** $\sigma_{chan}\sigma_{tIng}$

$\Rightarrow$ **12** $\sigma'_{ev}\sigma_{chan}$ = **12** $\sigma_{chan}\sigma_{tIng}$

$\sigma'_{ev}\sigma_{chan}$ = $\sigma_{chan}\sigma_{tIng}$

Die beiden Parallelogramme $\sigma'_{ev}\sigma_{chan}$ und $\sigma_{chan}\sigma_{tIng}$ sind gleich. Sie sind mathematisch vollkommen identisch.

Und die Differenz von zwei Parallelogrammen mit umge-kehrter Reihenfolge der beiden Einheitsvektoren $\sigma_{tIng}\sigma_{chan}$ und $\sigma_{chan}\sigma_{tIng}$ ergibt ein Rechteck:

160

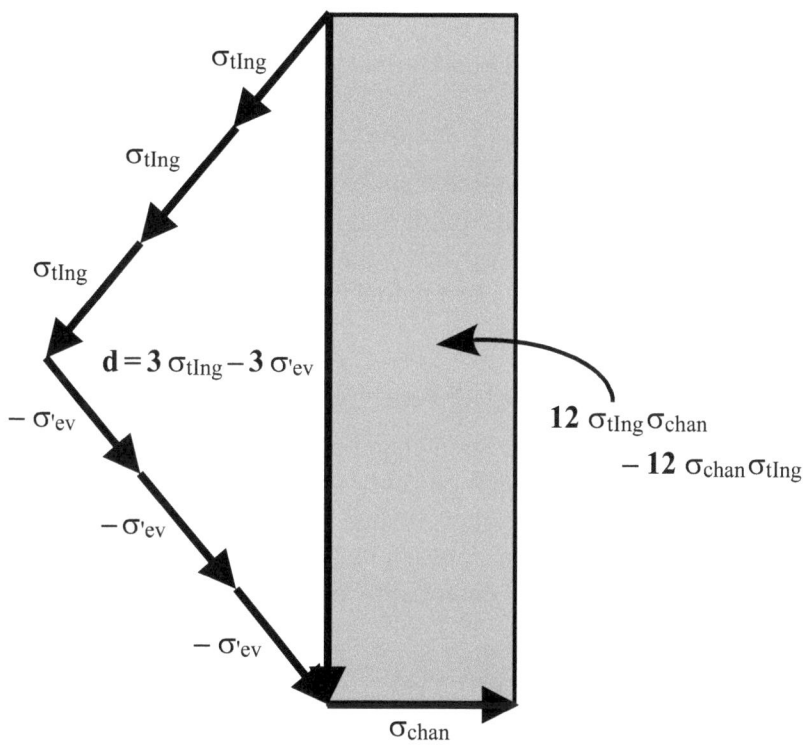

5) $7x + 8y = 96$
    $6x + 10y = 98$

wItte' wa'DIch: Soch 'op 'otwI' wa'DIch boq chorgh 'op 'otwI'
cha'DIch; **chen** HutmaH jav.

wItte' cha'DIch: jav 'op 'otwI' wa'DIch boq wa'maH 'op 'otwI'
cha'DIch; **chen** HutmaH chorgh.

$7x\,\sigma_{chan} + 8y\,\sigma_{chan} = 96\,\sigma_{chan}$

$6x\,\sigma_{ev} + 10y\,\sigma_{ev} = 98\,\sigma_{ev}$

wItte' wa'DIch: Soch 'op 'otwI' wa'DIch chan baSta' potlh boq
chorgh 'op 'otwI' cha'DIch chan baSta' potlh;
chen HutmaH jav chan baSta' potlh.

161

wItte' cha'DIch: jav 'op 'otwI' wa'DIch 'ev baSta' potlh boq
wa'maH 'op 'otwI' cha'DIch 'ev baSta' potlh;
chen HutmaH chorgh 'ev baSta' potlh.

$$7 \text{ x } \sigma_{\text{chan}} + 8 \text{ y } \sigma_{\text{chan}} + 6 \text{ x } \sigma'_{\text{ev}} + 10 \text{ y } \sigma'_{\text{ev}} = 96 \ \sigma_{\text{chan}} + 98 \ \sigma'_{\text{ev}}$$

Soch 'op 'otwI' wa'DIch chan baSta' potlh boq chorgh 'op 'otwI'
cha'DIch chan baSta' potlh boq jav 'op 'otwI' wa'DIch 'ev baSta'
potlh boq wa'maH 'op 'otwI' cha'DIch 'ev baSta' potlh;
chen; HutmaH jav chan baSta' potlh boq HutmaH chorgh 'ev
baSta' potlh.

$$(7 \ \sigma_{\text{chan}} + 6 \ \sigma'_{\text{ev}}) \text{ x} + (8 \ \sigma_{\text{chan}} + 10 \ \sigma'_{\text{ev}}) \text{ y} = 96 \ \sigma_{\text{chan}} + 98 \ \sigma'_{\text{ev}}$$

rom tom; De' chel; Soch chan baSta' potlh boq jav 'ev baSta'
potlh; chelta'; 'oplogh boq'egh 'op 'otwI' wa'DIch; tomta'; boq;
rom tom; De' chel; chorgh chan baSta' potlh boq wa'maH 'ev
baSta' potlh; chelta'; 'oplogh boq'egh 'op 'otwI' cha'DIch; tomta';
chen; HutmaH jav chan baSta' potlh boq HutmaH chorgh 'ev
baSta' potlh.

$$\Rightarrow \qquad\quad \mathbf{a} = \ 7 \ \sigma_{\text{chan}} + \ 6 \ \sigma'_{\text{ev}}$$
$$\mathbf{b} = \ 8 \ \sigma_{\text{chan}} + 10 \ \sigma'_{\text{ev}}$$
$$\mathbf{r} = 96 \ \sigma_{\text{chan}} + 98 \ \sigma'_{\text{ev}}$$

baSta' wa'DIch: Soch chan baSta' potlh boq jav 'ev baSta'
potlh.
baSta' cha'DIch: chorgh chan baSta' potlh boq wa'maH 'ev
baSta' potlh.
gher'ID baSta': HutmaH jav chan baSta' potlh boq HutmaH
chorgh 'ev baSta' potlh.

$$\mathbf{a\ b} = (7 \ \sigma_{\text{chan}} + 6 \ \sigma'_{\text{ev}}) \ (8 \ \sigma_{\text{chan}} + 10 \ \sigma'_{\text{ev}})$$
$$= 116 + 70 \ \sigma_{\text{chan}} \sigma'_{\text{ev}} + 48 \ \sigma'_{\text{ev}} \sigma_{\text{chan}}$$
$$\mathbf{b\ a} = (8 \ \sigma_{\text{chan}} + 10 \ \sigma'_{\text{ev}}) \ (7 \ \sigma_{\text{chan}} + 6 \ \sigma'_{\text{ev}})$$
$$= 116 + 48 \ \sigma_{\text{chan}} \sigma'_{\text{ev}} + 70 \ \sigma'_{\text{ev}} \sigma_{\text{chan}}$$

162

pIm — verschieden sein (englisch: to be different)
pImwI' — das verschieden seiende = Differenz
'olQan — Lücke, Abstand, Spalt
mI'QeD 'olQan — mathematischer Abstand = Differenz

mI'QeD 'olQan 'oH pImwI''e':

$$\mathbf{a\,b - b\,a} = \mathbf{116 + 70}\,\sigma_{chan}\sigma'_{ev} + \mathbf{48}\,\sigma'_{ev}\sigma_{chan}$$

$$- (\mathbf{116 + 48}\,\sigma_{chan}\sigma'_{ev} + \mathbf{70}\,\sigma'_{ev}\sigma_{chan})$$

$$= \mathbf{22}\,\sigma_{chan}\sigma'_{ev} - \mathbf{22}\,\sigma'_{ev}\sigma_{chan}$$

pImwI' wa'DIch tu'lu'; **chen**; wa'vatlh wa'maH jav boq
SochmaH chan baSta' potlh 'ev baSta' potlh boq loSmaH chorgh
'ev baSta' potlh chan baSta' potlh boqHa' wa'vatlh wa'maH jav
boqta' loSmaH chorgh chan baSta' potlh 'ev baSta' potlh boqta'
SochmaH 'ev baSta' potlh chan baSta' potlh;
chen; cha'maH cha' chan baSta' potlh 'ev baSta' potlh boqHa'
cha'maH cha' 'ev baSta' potlh chan baSta' potlh.

$$\mathbf{a} \wedge \mathbf{b} = \frac{1}{2}\,(\mathbf{a\,b - b\,a}) = \mathbf{11}\,\sigma_{chan}\sigma'_{ev} - \mathbf{11}\,\sigma'_{ev}\sigma_{chan}$$

$$= \mathbf{22}\,\sigma_{chan}\sigma'_{ev} + \mathbf{14,14}$$

Hur mI'QeD vIqraq tu'lu'; **chen** pImwI' wa'DIch bID;
chen; wa'maH wa' chan baSta' potlh 'ev baSta' potlh boqHa'
wa'maH wa' 'ev baSta' potlh chan baSta' potlh;
chen; cha'maH cha' chan baSta' potlh 'ev baSta' potlh boq
wa'maH loS vI' wa' loS.

$$\mathbf{a\,r} = (\mathbf{7}\,\sigma_{chan} + \mathbf{6}\,\sigma'_{ev})\,(\mathbf{96}\,\sigma_{chan} + \mathbf{98}\,\sigma'_{ev})$$

$$= \mathbf{1260 + 686}\,\sigma_{chan}\sigma'_{ev} + \mathbf{576}\,\sigma'_{ev}\sigma_{chan}$$

$$\mathbf{r\,a} = (\mathbf{96}\,\sigma_{chan} + \mathbf{98}\,\sigma'_{ev})\,(\mathbf{7}\,\sigma_{chan} + \mathbf{6}\,\sigma'_{ev})$$

$$= \mathbf{1260 + 576}\,\sigma_{chan}\sigma'_{ev} + \mathbf{686}\,\sigma'_{ev}\sigma_{chan}$$

mI'QeD 'olQan cha'DIch 'oH pImwI'vam'e':

$$\mathbf{a\,r} - \mathbf{r\,a} = 1260 + 686\,\sigma_{\text{chan}}\sigma'_{\text{ev}} + 576\,\sigma'_{\text{ev}}\sigma_{\text{chan}}$$
$$- \left(1260 + 576\,\sigma_{\text{chan}}\sigma'_{\text{ev}} + 686\,\sigma'_{\text{ev}}\sigma_{\text{chan}}\right)$$
$$= 110\,\sigma_{\text{chan}}\sigma'_{\text{ev}} - 110\,\sigma'_{\text{ev}}\sigma_{\text{chan}}$$

pImwI' cha'DIch tu'lu'; **chen**; wa'SaD cha'vatlh javmaH boq javvatlh chorghmaH jav chan baSta' potlh 'ev baSta' potlh boq vaghvatlh SochmaH jav 'ev baSta' potlh chan baSta' potlh boqHa' wa'SaD cha'vatlh javmaH boqta' vaghvatlh SochmaH jav chan baSta' potlh 'ev baSta' potlh boqta' javvatlh chorghmaH jav 'ev baSta' potlh chan baSta' potlh;
chen; wa'vatlh wa'maH chan baSta' potlh 'ev baSta' potlh boqHa' wa'vatlh wa'maH 'ev baSta' potlh chan baSta' potlh.

$$\mathbf{a} \wedge \mathbf{r} = \frac{1}{2}\,(\mathbf{a\,r} - \mathbf{r\,a}) = 55\,\sigma_{\text{chan}}\sigma'_{\text{ev}} - 55\,\sigma'_{\text{ev}}\sigma_{\text{chan}}$$
$$= 110\,\sigma_{\text{chan}}\sigma'_{\text{ev}} + 70{,}71$$

Hur mI'QeD vIqraq tu'lu'; **chen** pImwI' cha'DIch bID;
chen; vaghmaH vagh chan baSta' potlh 'ev baSta' potlh boqHa' vaghmaH vagh 'ev baSta' potlh chan baSta' potlh;
chen; wa'vatlh wa'maH chan baSta' potlh 'ev baSta' potlh boq SochmaH vI' Soch wa'.

'op 'otwI' gher'ID cha'DIch:

$$y = (\mathbf{a} \wedge \mathbf{r}) : (\mathbf{a} \wedge \mathbf{b})$$
$$= (55\,\sigma_{\text{chan}}\sigma'_{\text{ev}} - 55\,\sigma'_{\text{ev}}\sigma_{\text{chan}}) : (11\,\sigma_{\text{chan}}\sigma'_{\text{ev}} - 11\,\sigma'_{\text{ev}}\sigma_{\text{chan}})$$
$$= 5$$

'op 'otwI' cha'DIch tu'lu';
chen; wa'maH wa' chan baSta' potlh 'ev baSta' potlh boqHa'ta' wa'maH wa'logh 'ev baSta' potlh chan baSta' potlh boqHa''egh vaghmaH vagh chan baSta' potlh 'ev baSta' potlh boqHa'ta' vaghmaH vagh 'ev baSta' potlh chan baSta' potlh;
chen vagh.

$$\mathbf{b\,r} = (8\,\sigma_{chan} + 10\,\sigma'_{ev})\,(96\,\sigma_{chan} + 98\,\sigma'_{ev})$$
$$= 1748 + 784\,\sigma_{chan}\sigma'_{ev} + 960\,\sigma'_{ev}\sigma_{chan}$$
$$\mathbf{r\,b} = (96\,\sigma_{chan} + 98\,\sigma'_{ev})\,(8\,\sigma_{chan} + 10\,\sigma'_{ev})$$
$$= 1748 + 960\,\sigma_{chan}\sigma'_{ev} + 784\,\sigma'_{ev}\sigma_{chan}$$

mI'QeD 'olQan wejDIch 'oH pImwI'vam'e':

$$\mathbf{r\,b} - \mathbf{b\,r} = 1748 + 960\,\sigma_{chan}\sigma'_{ev} + 784\,\sigma'_{ev}\sigma_{chan}$$
$$- (1748 + 784\,\sigma_{chan}\sigma'_{ev} + 960\,\sigma'_{ev}\sigma_{chan})$$
$$= 176\,\sigma_{chan}\sigma'_{ev} - 176\,\sigma'_{ev}\sigma_{chan}$$

pImwI' wejDIch tu'lu'; **chen**; wa'SaD Sochvatlh loSmaH chorgh
boq Hutvatlh javmaH chan baSta' potlh 'ev baSta' potlh boq
Sochvatlh chorghmaH loS 'ev baSta' potlh chan baSta' potlh
boqHa' wa'SaD Sochvatlh loSmaH chorgh boqta' Sochvatlh
chorghmaH loS chan baSta' potlh 'ev baSta' potlh boqta'
Hutvatlh javmaH 'ev baSta' potlh chan baSta' potlh;
chen; wa'vatlh SochmaH jav chan baSta' potlh 'ev baSta' potlh
boqHa' wa'vatlh SochmaH jav 'ev baSta' potlh chan baSta' potlh.

$$\mathbf{r} \wedge \mathbf{b} = \frac{1}{2}\,(\mathbf{r\,b} - \mathbf{b\,r}) = 88\,\sigma_{chan}\sigma'_{ev} - 88\,\sigma'_{ev}\sigma_{chan}$$
$$= 176\,\sigma_{chan}\sigma'_{ev} + 113{,}13$$

Hur mI'QeD vIqraq tu'lu'; **chen** pImwI' wejDIch bID;
chen; chorghmaH chorgh chan baSta' potlh 'ev baSta' potlh
boqHa' chorghmaH chorgh 'ev baSta' potlh chan baSta' potlh;
chen; wa'vatlh SochmaH jav chan baSta' potlh 'ev baSta' potlh
boq wa'vatlh wa'maH wej vI' wa' wej.

'op 'otwI' gher'ID wa'DIch:

$$x = (\mathbf{r} \wedge \mathbf{b}) : (\mathbf{a} \wedge \mathbf{b})$$
$$= (176\,\sigma_{chan}\sigma'_{ev} + 113{,}13) : (22\,\sigma_{chan}\sigma'_{ev} + 14{,}14)$$
$$= 8$$

'op 'otwI' wa'DIch tu'lu';
chen; cha'maH cha' chan baSta' potlh 'ev baSta' potlh boqta' wa'maH loS vI' wa' loSlogh boqHa''egh wa'vatlh SochmaH jav chan baSta' potlh 'ev baSta' potlh boqta' wa'vatlh wa'maH wej vI' wa' wej;
chen chorgh.

qa'meH (Substitution): $x = 8$ und $y = 5$

$7 x + 8 y = 96 \quad \Rightarrow \quad 7 \cdot 8 + 8 \cdot 5 = 56 + 40 = 96$

$6 x + 10 y = 98 \quad \Rightarrow \quad 6 \cdot 8 + 10 \cdot 5 = 48 + 50 = 98$

$\Rightarrow \quad$ teH gher'IDmey 'ej qar.

6) $0{,}4 \, x + 0{,}8 \, y = 28$

       $1{,}2 \, x + 1{,}2 \, y = 54$

wItte' wa'DIch: pagh vI' loS 'op 'otwI' wa'DIch boq pagh vI' chorgh 'op 'otwI' cha'DIch; **chen** cha'maH chrogh.

wItte' cha'DIch: wa' vI' cha' 'op 'otwI' wa'DIch boq wa' vI' cha' 'op 'otwI' cha'DIch; **chen** vaghmaH loS.

$0{,}4 \, x \, \sigma_{chan} + 0{,}8 \, y \, \sigma_{chan} = 28 \, \sigma_{chan}$

$1{,}2 \, x \, \sigma_{'ev} + 1{,}2 \, y \, \sigma_{'ev} = 54 \, \sigma_{'ev}$

wItte' wa'DIch: pagh vI' loS 'op 'otwI' wa'DIch chan baSta' potlh boq pagh vI' chorgh 'op 'otwI' cha'DIch chan baSta' potlh; **chen** cha'maH chorgh chan baSta' potlh.

wItte' cha'DIch: wa' vI' cha' 'op 'otwI' wa'DIch 'ev baSta' potlh boq wa' vI' cha' 'op 'otwI' cha'DIch 'ev baSta' potlh; **chen** vaghmaH loS 'ev baSta' potlh.

$0{,}4 \, x \, \sigma_{chan} + 0{,}8 \, y \, \sigma_{chan} + 1{,}2 \, x \, \sigma_{'ev} + 1{,}2 \, y \, \sigma_{'ev} = 28 \, \sigma_{chan} + 54 \, \sigma_{'ev}$

pagh vI' loS 'op 'otwI' wa'DIch chan baSta' potlh boq pagh vI' chorgh 'op 'otwI' cha'DIch chan baSta' potlh boq wa' vI' cha' 'op 'otwI' wa'DIch 'ev baSta' potlh boq wa' vI' cha' 'op 'otwI' cha'DIch 'ev baSta' potlh; **chen**; cha'maH chorgh chan baSta' potlh boq vaghmaH loS 'ev baSta' potlh.

$$(0{,}4\,\sigma_{chan} + 1{,}2\,\sigma'_{ev})\,x + (0{,}8\,\sigma_{chan} + 1{,}2\,\sigma'_{ev})\,y = 28\,\sigma_{chan} + 54\,\sigma'_{ev}$$

rom tom; De' chel; pagh vI' loS chan baSta' potlh boq wa' vI' cha' 'ev baSta' potlh; chelta'; 'oplogh boq'egh 'op 'otwI' wa'DIch; tomta'; boq; rom tom; De' chel; pagh vI' chorgh chan baSta' potlh boq wa' vI' cha' 'ev baSta' potlh; chelta'; 'oplogh boq'egh 'op 'otwI' cha'DIch; tomta'; **chen**; cha'maH chorgh chan baSta' potlh boq vaghmaH loS 'ev baSta' potlh.

$$\Rightarrow \qquad a = 0{,}4\,\sigma_{chan} + 1{,}2\,\sigma'_{ev}$$
$$b = 0{,}8\,\sigma_{chan} + 1{,}2\,\sigma'_{ev}$$
$$r = 28\,\sigma_{chan} + 54\,\sigma'_{ev}$$

baSta' wa'DIch: pagh vI' loS chan baSta' potlh boq wa' vI' cha' 'ev baSta' potlh.

baSta' cha'DIch: pagh vI' chorgh chan baSta' potlh boq wa' vI' cha' 'ev baSta' potlh.

gher'ID baSta': cha'maH chorgh chan baSta' potlh boq vaghmaH loS 'ev baSta' potlh.

$$a\,b = (0{,}4\,\sigma_{chan} + 1{,}2\,\sigma'_{ev})\,(0{,}8\,\sigma_{chan} + 1{,}2\,\sigma'_{ev})$$
$$= 1{,}76 + 0{,}48\,\sigma_{chan}\,\sigma'_{ev} + 0{,}96\,\sigma'_{ev}\,\sigma_{chan}$$
$$b\,a = (0{,}8\,\sigma_{chan} + 1{,}2\,\sigma'_{ev})\,(0{,}4\,\sigma_{chan} + 1{,}2\,\sigma'_{ev})$$
$$= 1{,}76 + 0{,}96\,\sigma_{chan}\,\sigma'_{ev} + 0{,}48\,\sigma'_{ev}\,\sigma_{chan}$$

mI'QeD 'olQan 'oH pImwI''e':

$$a\,b - b\,a = -\,0{,}48\,\sigma_{chan}\,\sigma'_{ev} + 0{,}48\,\sigma'_{ev}\,\sigma_{chan}$$

pImwI' wa'DIch tu'lu'; **chen**; pagh vI' loS chorgh Dop chan baSta' potlh 'ev baSta' potlh boq pagh vI' loS chorgh 'ev baSta' potlh chan baSta' potlh.

$$a \wedge b = \frac{1}{2}(a\,b - b\,a) = -0{,}24\ \sigma_{chan}\,\sigma'_{ev} + 0{,}24\ \sigma'_{ev}\,\sigma_{chan}$$

$$= -0{,}48\ \sigma_{chan}\,\sigma'_{ev} - 0{,}31$$

Hur mI'QeD vIqraq tu'lu'; **chen** pImwI' wa'DIch bID; **chen**; pagh vI' cha' loS Dop chan baSta' potlh 'ev baSta' potlh boq pagh vI' cha' loS 'ev baSta' potlh chan baSta' potlh; **chen**; pagh vI' loS chorgh Dop chan baSta' potlh 'ev baSta' potlh boqHa' pagh vI' wej wa'.

$$a\,r = (0{,}4\ \sigma_{chan} + 1{,}2\ \sigma'_{ev})\,(28\ \sigma_{chan} + 54\ \sigma'_{ev})$$

$$= 76 + 21{,}6\ \sigma_{chan}\,\sigma'_{ev} + 33{,}6\ \sigma'_{ev}\,\sigma_{chan}$$

$$r\,a = (28\ \sigma_{chan} + 54\ \sigma'_{ev})\,(0{,}4\ \sigma_{chan} + 1{,}2\ \sigma'_{ev})$$

$$= 76 + 33{,}6\ \sigma_{chan}\,\sigma'_{ev} + 21{,}6\ \sigma'_{ev}\,\sigma_{chan}$$

mI'QeD 'olQan cha'DIch 'oH pImwI'vam'e':

$$a\,r - r\,a = -12\ \sigma_{chan}\,\sigma'_{ev} + 12\ \sigma'_{ev}\,\sigma_{chan}$$

pImwI' cha'DIch tu'lu'; **chen**; wa'maH cha' Dop chan baSta' potlh 'ev baSta' potlh boq wa'maH cha' 'ev baSta' potlh chan baSta' potlh.

$$a \wedge r = \frac{1}{2}(a\,r - r\,a) = -6\ \sigma_{chan}\,\sigma'_{ev} + 6\ \sigma'_{ev}\,\sigma_{chan}$$

$$= -12\ \sigma_{chan}\,\sigma'_{ev} - 7{,}71$$

Hur mI'QeD vIqraq tu'lu'; **chen** pImwI' cha'DIch bID; **chen**; jav Dop chan baSta' potlh 'ev baSta' potlh boq jav 'ev baSta' potlh chan baSta' potlh; **chen**; wa'maH cha' Dop chan baSta' potlh 'ev baSta' potlh boqHa' Soch vI' Soch wa'.

'op 'otwI' gher'ID cha'DIch:

$$y = (a \wedge r) : (a \wedge b)$$

$$y = (-\,6\,\sigma_{chan}\sigma'_{ev} + 6\,\sigma'_{ev}\sigma_{chan}) : (-\,0{,}24\,\sigma_{chan}\sigma'_{ev} + 0{,}24\,\sigma'_{ev}\sigma_{chan})$$
$$= 25$$

'op 'otwI' cha'DIch tu'lu';

chen; pagh vI' cha' loS Dop chan baSta' potlh 'ev baSta' potlh boqta' pagh vI' cha' loSlogh 'ev baSta' potlh chan baSta' potlh boqHa''egh jav Dop chan baSta' potlh 'ev baSta' potlh boqta' jav 'ev baSta' potlh chan baSta' potlh;

chen cha'maH vagh.

$$\mathbf{b\ r} = (0{,}8\,\sigma_{chan} + 1{,}2\,\sigma'_{ev})\,(28\,\sigma_{chan} + 54\,\sigma'_{ev})$$
$$= 87{,}2 + 43{,}2\,\sigma_{chan}\sigma'_{ev} + 33{,}6\,\sigma'_{ev}\sigma_{chan}$$
$$\mathbf{r\ b} = (28\,\sigma_{chan} + 54\,\sigma'_{ev})\,(0{,}8\,\sigma_{chan} + 1{,}2\,\sigma'_{ev})$$
$$= 87{,}2 + 33{,}6\,\sigma_{chan}\sigma'_{ev} + 43{,}2\,\sigma'_{ev}\sigma_{chan}$$

mI'QeD 'olQan wejDIch 'oH pImwI'vam'e':

$$\mathbf{r\ b - b\ r} = -\,9{,}6\,\sigma_{chan}\sigma'_{ev} + 9{,}6\,\sigma'_{ev}\sigma_{chan}$$

pImwI' wejDIch tu'lu'; **chen**; Hut vI' jav Dop chan baSta' potlh 'ev baSta' potlh boq Hut vI' jav 'ev baSta' potlh chan baSta' potlh.

$$\mathbf{r \wedge b} = \frac{1}{2}\,(\mathbf{r\ b - b\ r}) = -\,4{,}8\,\sigma_{chan}\sigma'_{ev} + 4{,}8\,\sigma'_{ev}\sigma_{chan}$$
$$= -\,9{,}6\,\sigma_{chan}\sigma'_{ev} - 6{,}17$$

Hur mI'QeD vIqraq tu'lu'; **chen** pImwI' wejDIch bID; **chen**; loS vI' chorgh Dop chan baSta' potlh 'ev baSta' potlh boq loS vI' chorgh 'ev baSta' potlh chan baSta' potlh; **chen**; Hut vI' jav Dop chan baSta' potlh 'ev baSta' potlh boqHa' jav vI' wa' Soch.

'op 'otwI' gher'ID wa'DIch:

$$x = (\mathbf{r \wedge b}) : (\mathbf{a \wedge b})$$

$$x = (-\mathbf{4{,}8}\, \sigma_{chan}\, \sigma'_{ev} + \mathbf{4{,}8}\, \sigma'_{ev}\, \sigma_{chan})$$
$$: (-\mathbf{0{,}24}\, \sigma_{chan}\, \sigma'_{ev} + \mathbf{0{,}24}\, \sigma'_{ev}\, \sigma_{chan})$$
$$= \mathbf{20}$$

'op 'otwI' wa'DIch tu'lu'
chen; pagh vI' cha' loS Dop chan baSta' potlh 'ev baSta' potlh boqta' pagh vI' cha' loSlogh 'ev baSta' potlh chan baSta' potlh boqHa''egh loS vI' chorgh Dop chan baSta' potlh 'ev baSta' potlh boqta' loS vI' chorgh 'ev baSta' potlh chan baSta' potlh; **chen** cha'maH.

qa'meH (Substitution): $x = \mathbf{20}$ und $y = \mathbf{25}$

$\mathbf{0{,}4}\,x + \mathbf{0{,}8}\,y = \mathbf{28}$ $\qquad \Rightarrow \qquad$ $\mathbf{0{,}4 \cdot 20 + 0{,}8 \cdot 25 =\ 8 + 20 = 28}$

$\mathbf{1{,}2}\,x + \mathbf{1{,}2}\,y = \mathbf{54}$ $\qquad \Rightarrow \qquad$ $\mathbf{1{,}2 \cdot 20 + 1{,}2 \cdot 25 = 24 + 30 = 54}$

$\qquad\qquad\qquad\qquad \Rightarrow \qquad$ teH gher'IDmey 'ej qar.

15. Was soll das alles?

Was soll die Beschäftigung mit der klingonischen Sprache und der klingonischen Mathematik bringen? Das ist doch alles sinnlos!

Klar, diese Aussage ist vollkommen richtig: klingonisch zu sprechen und klingonisch zu denken ist absolut sinnlos. Aber es macht Spaß. Und das ist der primäre Grund, weshalb wir uns mit solchen sinnlosen Dingen herumplagen. Es macht einfach Spaß.

Wir strecken also der sinnbehafteten Welt die Zunge raus und machen, was wir wollen. Ihr Möchte-Gern-Sinnhaber, ihr dürft euch ruhig ärgern!

Leider müssen wir aber feststellen, dass wir wieder einmal gescheitert sind. Wie Marc Okrand, der mit seiner Klingonisiererei einfach nur eine Paradie auf seinen Berufstand schreiben wollte und damit krachend gescheitert ist, weil auf einmal Leute seine Paradie höchst ernst und anwendungslustig unparodistisch in Besitz nehmen, stellen wir fest, dass auch unsere eigene Sinnlosigkeit sinnvoll sein kann.

Hier manifestiert sich offenbar das Sinnhafte des Sinnlosen, das schon der Erziehungswissenschaftler Prof. Tenorth unter Bezug auf den philosophich höchst dubiosen Nietzsche propagierte. Schließlich ist es auch absolut sinnlos, Latein zu lernen. Nicht wenige Menschen machen es trotzdem und den Grund dafür erläutcrt Tenorth in einem Interview mit der ZEIT vom 11. Aug. 2011 (Nr. 33/2011):

> **Die ZEIT:** Warum sollte Latein dann noch gelehrt werden?
>
> **Tenorth:** (…) Wenn man in die Schule eintritt, braucht man etwas wirklich Fremdes, um zu merken, dass man in der Bildungswelt ist. Einer Welt, die mit dem Alltag nichts zu tun hat, die ihre eigenen Gesetze, Regeln, Traditionen und Erwartungen hat. (...) die unausweichliche Konfrontation mit dem Fremden, eine Gymnastik des Kopfes.

171

Klingonisch (oder Latein) zu lernen, das wußte wohl schon der geistig verwirrte Nietzsche, ist etwas wirklich Fremdes. Und genau so soll das Lernen und sollen unsere Schulen doch aussehen!

Wir strecken also der anwendungsorientierten Alltagswelt die Zunge raus und machen, was wir wollen. Ihr Anwendungsfetischisten und ihr höchst effizienten Möchte-Gern-Hochleistungsfanatiker, ihr dürft euch ruhig ärgern!

Wumms! Jetzt knallt es richtig, denn schon wieder scheitern wir. Die klingonische Mathematik, das Rechnen mit schräg stehenden Vektoren, das ist ja gar nicht **nicht** anwendungsorientiert. Das brauchen wir doch in der Physik andauernd. Denken wir an den Drehstrom, bei dem nicht senkrecht stehende Vektoren alles mögliche tun, oder denken wir an Dirac, dem Schaf {DI'raq} und genialen Physik-Nobelpreisträger, der seine eigenen Matrizen nicht verstand.

In seinem grandiosen und wunderbaren Buch

P. A. M. Dirac: General Theory of Relativity.
Princeton University Press, Princeton 1996.

heißt das zweite Kapitel „Oblique Axes" – „schräg stehende Achsen". Bevor wir die Allgemeine Relativitätstheorie verstehen können, müssen wir zwingend die Mathematik schräg stehender Achsen verstehen.

Wenn wir die klingonische Mathematik mit ihren schräg stehenden Vektoren durchdenken und verstehen, wenn wir uns die klingonische Vektorrechnug erschließen, dann haben wir es leichter, wenn wir später einmal die Relativitätstheorie in ihrer ganzen Schönheit und Tiefe durchdenken und verstehen wollen.

Es ist aber auch zu ärgerlich: Die klingonische Algebra ist nicht sinnlos und sie ist nicht anwendungsfern. Aber sie macht trotzdem Spaß. Freuen wir uns also auf die nächsten Bücher zur klingonischen Geometrie und zur klingonischen Pauli- und Dirac-Algebra.